水科学前沿丛书

变化环境下黄河与墨累－达令河流域水资源管理策略比较研究

王　煜　彭少明　王慧杰　周翔南　靖　娟　著

科学出版社
北　京

内 容 简 介

本书面向新时期国家实行最严格水资源管理制度的科技需求，紧密围绕攻克“三条红线”控制与管理的技术瓶颈，以变化环境下黄河与澳大利亚墨累－达令流域水资源利用对比研究为切入点，在总结黄河与墨累－达令河流域面临水资源量减少、供需矛盾突出、生态环境恶化等相似问题基础上，对比分析了流域规划、水量分配、水权交易、一体化管理等领域的成功经验与问题，充分吸收墨累－达令河流域的先进经验，形成了适用于变化环境下黄河流域的最严格水资源管理决策方法和策略体系，为我国实现最严格水资源管理制度建设提供理论和方法依据。

本书可供从事水资源开发、利用、管理、保护工作的科技人员，以及广大关心黄河治理与开发的社会各界人士阅读参考。

图书在版编目（CIP）数据

变化环境下黄河与墨累－达令河流域水资源管理策略比较研究 / 王煜等著．— 北京：科学出版社，2018.5

（水科学前沿丛书）

ISBN 978-7-03-056793-2

Ⅰ．①变…… Ⅱ．①王… Ⅲ．①黄河流域－水资源管理－研究 ②流域－水资源管理－研究－澳大利亚 Ⅳ．① TV213. 4

中国版本图书馆 CIP 数据核字 (2018) 第 048773 号

责任编辑：王 倩 / 责任校对：彭 涛

责任印制：张 伟 / 封面设计：陈 敬

科学出版社 出版

北京东黄城根北街 16 号

邮政编码 :100717

http://www.sciencep.com

北京京华虎彩印刷有限公司 印刷

科学出版社发行 各地新华书店经销

*

2018 年 5 月第 一 版 开本：787 × 1092 1/16

2018 年 5 月第一次印刷 印张：10 3/4

字数：250 000

定价：138.00 元

（如有印装质量问题，我社负责调换）

《水科学前沿丛书》编委会

（按姓氏汉语拼音排序）

《水科学前沿丛书》出版说明

随着全球人口持续增加和自然环境不断恶化，实现人与自然和谐相处的压力与日俱增，水资源需求与供给之间的矛盾不断加剧。受气候变化和人类活动的双重影响，与水有关的突发性事件也日趋严重。这些问题的出现引起了国际社会对水科学研究的高度重视。

在我国，水科学研究一直是基础研究计划关注的重点。经过科学家们的不懈努力，我国在水科学研究方面取得了重大进展，并在国际上占据了相当地位。为展示相关研究成果、促进学科发展，迫切需要我们对过去几十年国内外水科学不同分支领域取得的研究成果进行系统性的梳理。有鉴于此，科学出版社与北京师范大学共同发起，联合国内重点高等院校与中国科学院知名中青年水科学专家组成学术团队，策划出版《水科学前沿丛书》。

丛书将紧扣水科学前沿问题，对相关研究成果加以凝练与集成，力求汇集相关领域最新的研究成果和发展动态。丛书拟包含基础理论方面的新观点、新学说，工程应用方面的新实践、新进展和研究技术方法的新突破等。丛书将涵盖水力学、水文学、水资源、泥沙科学、地下水、水环境、水生态、土壤侵蚀、农田水利及水力发电等多个学科领域的优秀国家级科研项目或国际合作重大项目的成果，对水科学研究的基础性、战略性和前瞻性等方面的问题皆有涉及。

为保证本丛书能够体现我国水科学研究水平，经得起同行和时间检验，组织了国内多位知名专家组成丛书编委会，他们皆为国内水科学相关领域研究的领军人物，对各自的分支学科当前的发展动态和未来的发展趋势有诸多独到见解和前瞻思考。

我们相信，通过丛书编委会、编著者和科学出版社的通力合作，会有大批代表当前我国水科学相关领域最优秀科学研究成果和工程管理水平的著作面世，为广大水科学研究者洞悉学科发展规律、了解前沿领域和重点方向发挥积极作用，为推动我国水科学研究和水管理做出应有的贡献。

刘昌明

2012年9月

序

长久以来，淡水资源短缺是我国一大基本国情，尚不完善的水资源管理使得我国淡水资源短缺问题更加严重。随着工业化、城镇化深入发展和全球气候变化影响，我国水资源、水生态、水环境面临更加严峻的形势。为构建适用于我国的流域水资源管理综合技术体系，落实最严格水资源管理制度，开展用水总量控制、用水效率、水污染物总量控制，以及水资源管理制度等水资源利用与管理方面研究工作势在必行。

黄河以全国 2% 的河川径流量，承担着全国 12% 的人口、15% 的耕地和沿河 50 多座大中城市的供水任务，是我国水资源最为短缺的地区之一。黄河也是世界上最为复杂难治的河流，来沙量大、含沙量高，有限的水资源还必须承担一般清水河流所没有的输沙任务。在新的形势下，需要对黄河流域实行最严格的水资源管理制度，充分利用遥感（RS）、地理信息系统（GIS）等现代高新技术，通过对国外先进技术的引进与吸收，解决黄河流域水量优化配置及水污染防治等技术瓶颈，形成具有我国自主知识产权的流域水资源管理综合技术体系，促进流域（区域）经济、社会和环境可持续发展，并推广应用到其他流域。

澳大利亚在水资源管理与利用方面科研与实践优势明显，1994 年即实行了流域用水总量控制，且在提高用水效益、改善水生态环境等方面研究处于世界领先水平。这些前沿理论和关键技术均是我国新时期落实最严格水资源管理制度亟待引进和深入研究的重要内容。有必要通过中澳双方合作研究和技术交流，吸收和借鉴澳方研究优势和先进技术，构建适用于我国的最严格水资源管理技术体系。黄河流域与澳大利亚墨累 - 达令河流域在流域地位、水资源条件、供用水情况方面具有很大的相似性，墨累 - 达令河流域过去面临的很多水问题都是现在黄河流域所遇到的新问题，在流域水资源管理方面有较成熟的技术可供黄河流域借鉴。经过多年的努力，我国的治黄成果丰硕，取得了显著成效，这些管理和实践经验可为澳大利亚借鉴，从而达到优势互补，互利共赢的国际合作成效。

黄河勘测规划设计有限公司以王煜教授为首的团队长期从事黄河流域水资源规划和研究工作，围绕黄河流域水资源时空动态演变、水资源优化配置、水量精细调度以及综合管理等方面开展了大量的研究，总结和积累了丰富的经验。该书以变化环境下黄河与澳大利亚墨累 - 达令河流域水资源利用对比研究为切入点，从流域规划方法、配置策略、调度手段、管理制度等方面开展系统的比较，通过国际合作研究与技术引进，充分吸收墨累 - 达令河流域水资源可持续利用的国际领先的研究成果、应用技术与管理理念，形成适用于黄河流域乃至全国的“三条红线”控制与管理的综合技术体系，进而形成黄河流域最严格水资源管理和可持续利用的强力支撑。

该书的出版将会对黄河流域水资源管理方法的发展与完善起到巨大的推动作用，促进缺水流域最严格水资源管理制度和策略向更加广阔的视野和更加深入方向发展。

中国工程院院士 王浩

2018年5月

前　　言

供水不足、用水效率不高、水污染严重引发的水危机日益成为全球性危机，也是黄河流域、墨累－达令河流域面临的重大问题。受气候变化和人类活动的双重影响，黄河流域与墨累－达令河流域面临水资源量减少、需水量不断增加，流域水资源可持续利用与生态环境良性维持面临共同挑战，开展水资源利用与管理的对比研究和相互借鉴有助于提升流域水资源利用水平和管理能力。

黄河流经地区多为干旱和半干旱地区，水资源贫乏，河川径流量仅占全国的2%，却承担着占全国15%的耕地、12%的人口、14%的GDP及60多座大中城市的供水任务，流域及相关地区引黄用水需求大，水资源供需矛盾十分突出。随着经济社会的快速发展，黄河流域及相关地区引黄用水量不断增加，致使黄河下游自1972年开始频繁断流，生态系统遭到严重破坏。为缓解黄河流域水资源供需矛盾，1987年国务院批准了《黄河可供水量分配方案》，1999年国务院授权实施年度水量分配和干流水量统一调度，2006年实施《黄河水量调度条例》将水量统一调度的范围由黄河干流延伸到支流。综合运用行政、法律、工程、科技、经济等手段，实现了黄河干流未再断流，河流生态系统功能明显改善，促进了流域节水型社会建设，有力地支撑了流域及相关地区经济社会可持续发展。

受环境变化影响，近30年来黄河流域水资源情势发生显著变化，水资源量减少了17.8%，而同期流域用水增长超过80亿m^3，水资源供需矛盾进一步加剧。预测未来黄河流域水资源供需矛盾更为尖锐，水资源短缺已成为制约黄河流域及相关供水地区经济社会可持续发展的重要瓶颈，水资源统一管理与调度面临严峻挑战。

墨累－达令河是澳大利亚最大的河流，流域面积占其土地面积的14%，水文、气象等特征与黄河流域相似，变化环境下流域水资源供需矛盾突出，各州之间水资源开发利用纠纷不断。澳大利亚在水资源利用与管理方面成就领衔全球，1991年实行环境流量控制，1994年实行严格用水总量控制，在全流域范围建立了完善的水市场，最近十年实现全过程计量节水高效利用。本书通过对比研究变化环境下黄河与墨累－达令河流域水资源利用与管理历程和特点，充分吸收和借鉴澳方研究优势和先进技术，构建适于黄河流域的最严格水资源管理技术体系，支撑水资源的可持续利用，为实现国家粮食安全和水安全战略及国民经济可持续发展提供保障。

本书共分为6章，第1章总结了变化环境下黄河与墨累－达令河流域水资源面临的相似问题与挑战；第2章对比分析了黄河与墨累－达令河流域规划在解决重大问题方面的举措和经验，提出完善流域综合规划的建议；第3章对比研究了黄河与墨累－达令河流域以水权为基础的水量分配和水权交易制度，提出了完善流域水资源管理的建议；第4章分析了墨累－达令河流域一体化管理方法与策略，总结了其成功经验以及对我国流域管理的启示；第5章在结合黄河流域特点、充分吸收墨累－达令流域综合管理决策方法与先进理念的基础上，提出了变化环境下黄河流域最严格水资源管理决策方法与策略；第6章总结了本书的主要研究成果。

本书研究工作得到了国家重点研发计划项目（2017YFC0404404）和国家国际科技合作项目（2013DFG70990）的共同资助。本书撰写具体分工为：第1章由彭少明、王慧杰执笔；第2章由王煜、彭少明、靖娟执笔；第3章由彭少明、王煜、周翔南执笔；第4章由王慧杰、周翔南、靖娟执笔；第5章由周翔南、靖娟执笔；第6章由王煜、彭少明执笔。全书由王煜、彭少明统稿。

本书在研究和写作过程中，得到了中国工程院王浩院士、中国科学院刘昌明院士，以及水利部黄河水资源委员会副主任薛松贵教授级高工、黄河水利委员会科学技术委员会主任陈效国教授级高工等诸多专家的悉心指导，并得到课题组成员的大力支持和帮助，在此表示衷心的感谢。变化环境下流域水资源管理研究现今仍处于探索阶段，本书研究内容还需要不断充实完善。由于作者水平有限，书中难免存在疏漏之处，敬请专家读者批评指正。

作　者

2018年2月

目 录

第 1 章 变化环境下黄河与墨累－达令河流域的比较

黄河是中华民族的母亲河，流经我国西北和华北地区，流域多属干旱半干旱地区，水资源总量不足、供需矛盾突出，水资源规划、管理难度大。墨累－达令河是澳大利亚最大的河流，流域面积占澳大利亚国土面积的 14%，水文、气象等特征与黄河流域相似，多年平均降水量与黄河流域接近，流域水资源供需矛盾突出，水资源开发利用问题导致各州之间纠纷不断。受气候变化和人类活动的双重影响，黄河流域与墨累－达令河流域面临水资源量减少、需水量不断增加等问题，以及流域水资源可持续利用与生态环境良性维持等共同的挑战。

1.1 黄河流域水资源及其开发利用的问题

1.1.1 黄河流域概况

黄河是中国的第二大河，流经青海、四川、甘肃、宁夏、内蒙古、陕西、山西、河南、山东九省区，全长达 5464km，流域面积为 79.5 万 km^2(包括内流区 4.2 万 km^2)，占全国国土面积的 8%，是我国重要的粮食、棉花生产区。截至 2008 年底，黄河流域总人口为 11 370.9 万人，约占全国总人口的 8.6%，其中城镇人口为 4771.9 万人，城镇化率约为 42.0%。黄河流域是中华民族的发祥地，流域土地、能源矿产资源十分丰富，在国家发展战略中的地位十分突出；流域生态环境脆弱，生态环境保护对国家生态安全具有重要意义。

黄河流域及下游引黄地区地域辽阔、土壤肥沃、光热资源丰富、昼夜温差大，日照时数大部分地区为 2400 ~ 3200h，日照百分率多在 60% 以上，大于 10℃的年积温为 2200 ~ 4000℃，有利于小麦、玉米、棉花、花生和苹果等多种名、优、特粮油和经济作物生长。上游丰茂的草原和宁蒙平原是我国畜牧业和粮食生产基地；中游的汾渭盆地及下游的沿黄平原是我国粮食、棉花、油料的重要产区，在我国国民经济建设中具有十分重要的战略地位。黄河流域耕地面积为 24 361.54 万亩[①]，耕垦率为 20.4%。黄河上中游地区还

① 1 亩≈ 666.67m^2。

有宜农荒地约 3000 万亩，占全国宜农荒地总量的 30%，是我国重要的后备耕地区，只要水资源条件具备，开发潜力很大。黄河下游流域外引黄灌区耕地面积约为 5764 万亩，农田有效灌溉面积约为 3700 万亩，是我国重要的粮棉油生产基地。

黄河流域煤炭等矿产资源丰富，是我国重要的能源、重化工基地，综合开发潜力很大，油气资源、煤炭资源和多种矿产资源具有明显的优势，是我国经济持续发展重要的能源、矿产资源储备区和接替区，在我国的能源安全中地位举足轻重。已探明煤产地（或井田）685 处，保有储量为 4492 亿 t，占全国煤炭储量的 46.5%，预测煤炭资源总储量为 1.5 万亿 t 左右。黄河流域地域广阔，资源丰富，长期以来，因人口增长和经济社会的发展，对土地和水等自然资源的需求量超过了环境的承载能力，生态环境遭到了严重的破坏，河道断流、水土流失、土地沙漠化、沙尘暴加剧，不仅损害了当地人民的生存环境，而且对我国中、东部地区和首都圈的生态安全及环境质量构成严重威胁。黄河流域生态环境保护问题，已成为全社会关注的焦点，对全国生态安全的保障具有重要意义。

黄河是世界上含沙量最高的河流之一，多年平均输沙量和含沙量在世界大江大河中居第一位，黄河泥沙主要来自黄土高原。据 1956 ~ 2000 年统计，黄河龙门、华县、河津、洑头四站合计年平均实测输沙量为 12.5 亿 t，平均含沙量为 34.4kg/m^3，平均来沙系数（指含沙量与流量比值，下同）为 0.030kg · s/m^6；三门峡站年平均实测输沙量为 11.2 亿 t，平均含沙量为 31.3 kg/m^3，平均来沙系数为 0.028kg · s/m^6。

黄河流域产沙时间集中，年内分配不均。黄河上游干流站多年平均连续最大 4 个月输沙量多出现在 6 ~ 9 月，中游干流站均出现在 7 ~ 10 月，连续最大 4 个月输沙量占全年输沙量的 80% 以上。黄河各支流站，多年平均连续最大 4 个月输沙量出现在 6 ~ 9 月，4 个月输沙量占全年输沙量的 90% 以上。7 月、8 月黄河流域降水量占年降水量的 40% 以上，而输沙量干流站占年输沙量的 60% 左右，支流站占年输沙量的 70% 以上，陕北高原各河均在 80% ~ 90%。

1.1.2 水资源及其特点

根据 1956 ~ 2000 年系列评价，黄河流域多年平均年降水量为 445.8mm，降水具有地区分布不均和年际、年内变化大的特点。据评价，黄河流域现状下垫面条件下多年平均天然河川径流量为 534.8 亿 m^3（利津断面），相应径流深为 71.1mm。

（1）黄河流域降水特点

受纬度、距海洋的远近、水汽来源及地形变化的综合影响，黄河流域降水呈现以下特点：黄河水资源具有时空分布不均，年内集中、年际变化大的特征。东南多雨，西北干旱，山区降水大于平原；年降水量由东南向西北递减，东南和西北相差 4 倍以上。黄河流域 400mm 年降水量等值线，自内蒙古清水河县经河曲、米脂以北、吴旗、环县以北、会宁、兰州以南绕祁连山出黄河流域，又经过海晏进入黄河流域，经循化、同仁、贵南、同德，沿积石山麓至多曲一带出黄河流域，把整个流域分为干旱、湿润两大部分。

黄河流域降水量的年内分配极不均匀。流域内夏季降水量最多，最大降水量出现在 7

月；冬季降水量最少，最小降水量出现在 12 月；春秋介于冬夏之间，一般秋雨大于春雨。连续最大 4 个月降水量占年降水量的 68.3%。

黄河流域降水量年际变化悬殊，降水量越少，年际变化越大。湿润区与半湿润区最大与最小年降水量的比值大都在 3 以上，干旱、半干旱区最大与最小年降水量的比值一般在 2.5 ~ 7.5，极个别站在 10 以上，如内蒙古乌审召站最大与最小年降水量的比值达 18.1，为黄河流域之最。由于黄河流域降水量季节分布不均和年际变化大，黄河流域水旱灾害频繁。1956 ~ 2000 年，出现了 1958 年、1964 年、1967 年、1982 年等大水年，1960 年、1965 年、2000 年等干旱年，1969 ~ 1972 年、1979 ~ 1981 年、1991 ~ 1997 年等连续干旱期。

（2）黄河流域河川径流的主要特点

一是水资源贫乏。黄河流域面积占全国国土面积的 8.3%，而年径流量只占全国的 2%。黄河流域内人均水量为 473m^3，为全国人均水量的 23%；耕地亩均水量为 220m^3，仅为全国耕地亩均水量的 15%。实际上考虑向黄河流域外供水后，人均、亩均占有水资源量更少。

二是径流年内、年际变化大。干流及主要支流汛期 7 ~ 10 月径流量占全年的 60% 以上，支流的汛期径流主要以洪水形式形成，非汛期 11 月至次年 6 月来水不足 40%。干流断面最大年径流量一般为最小值的 3.1 ~ 3.5 倍，支流一般达 5 ~ 12 倍。自有实测资料以来，出现了 1922 ~ 1932 年、1969 ~ 1974 年、1990 ~ 2000 年连续枯水段，3 个连续枯水段年平均河川天然径流量分别相当于多年均值的 74%、84% 和 83%。

三是地区分布不均。黄河河川径流大部分来自兰州以上，年径流量占全河的 61.7%，而兰州以上流域面积仅占全河的 28%；龙门至三门峡区间的流域面积占全河的 24%，年径流量占全河的 19.4%。兰州至河口镇区间产流很少，河道蒸发渗漏强烈，其流域面积占全河的 20.6%，年径流量仅占全河的 0.3%。

1.1.3 黄河流域环境变化与水资源演变

20 世纪 80 年代以来，在自然和人类活动的双重驱动下，黄河流域水资源演化的二元结构特征明显，黄河流域经济社会发展和水资源利用情况已发生了较大变化。自然条件下，黄河流域气温、降水、蒸发等水文要素发生了显著变化，水资源量减少。人类活动改变了部分地区的下垫面条件和产汇流关系，人类取水—用水—排水过程中产生的蒸发渗漏，对黄河流域水文特性产生了直接影响，人类活动使天然状态下降水、蒸发、产流、汇流、入渗、排泄等黄河流域水循环特性发生了全面改变。随着黄河流域内外工农业用水的不断增长，黄河流域水资源供需矛盾日益突出，缺水已成为沿黄地区社会和经济可持续发展的主要制约因素，也给黄河流域的生态环境带来了严重影响。

1.1.3.1 黄河流域水文要素的变化

黄河的主要产水区位于中纬度干旱、半干旱地区，是全球气候变化的敏感地区。1951 ~ 2009 年，黄河流域的平均气温、水面蒸发和降水等水文要素发生了明显变化，进一步影响了黄河流域的水资源。

（1）气温升高

据黄河流域 14 个气象站点 1951 ～ 2009 年气温观测分析，黄河流域年均气温与全球气温增温一致，具有波动的升高趋势，如图 1-1。

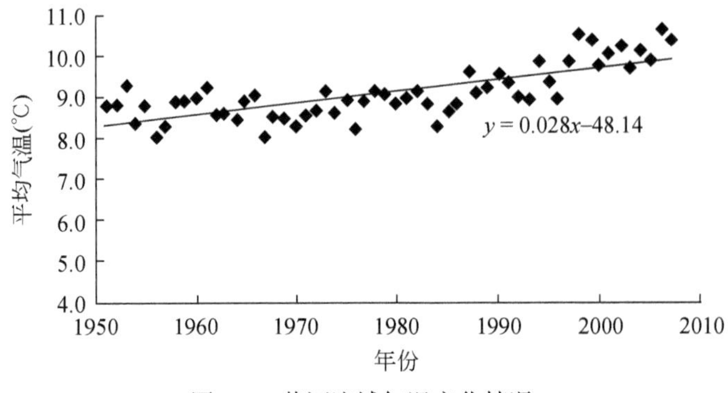

图 1-1　黄河流域气温变化情况

分区气温变化研究表明，由于地理位置的差异，黄河流域内气温变化的空间差异比较大，黄河流域上中下游气温变化幅度有所不同，上游温度变化大于中下游。河源区气温升高幅度最大，1951 ～ 2009 年平均气温线性升温率为 0.267℃ /10a，高于全球及我国平均气温的上升速率；从年代变化看，20 世纪 80 和 90 年代气温变化幅度最大，尤其是 90 年代，黄河流域气温增幅达到 0.7℃。

（2）水面蒸发增大

气温升高影响了黄河流域的蒸发能力。研究表明，在气温升高 1℃的情况下，黄河中游蒸发能力增大 5.0% ～ 7.0%，导致黄河水资源减少。

观测事实和研究均表明，黄河流域最近几十年的蒸发皿蒸发呈下降趋势，且以春季和夏季下降最为明显。研究表明（郭军和任国玉，2005），近 50 年黄河流域蒸发量减少十分显著，造成蒸发量减少的直接气候原因可能是日照时数及太阳辐射的减少，平均风速和气温日较差的降低可能也起着重要的作用；与蒸发皿蒸发相反，黄河流域实际蒸发量呈逐年增大的趋势。据分析，蒸发皿蒸发下降的主要原因是近年来全球太阳辐射的下降；黄河流域陆面实际蒸发量明显增加，这是由于灌溉等用水量增多造成的，尽管太阳辐射有所减弱，但是在比较干旱的地区，供水条件是决定陆面蒸发的主要因素。

（3）降水量减少

从 1956 ～ 2010 年系列降水量变化来看，黄河流域年降水量波动减少的趋势较为明显，如图 1-2 所示。

从降水量的年代变化来看，1956 ～ 1969 年黄河流域降水量最大，年均为 471.3mm，之后的 20 世纪 70 ～ 90 年代降水量持续减少，90 年代年均降水量减少为 425.3mm，2000 年以后降水量较 90 年代略有增加。不同年代黄河流域降水量变化见表 1-1。

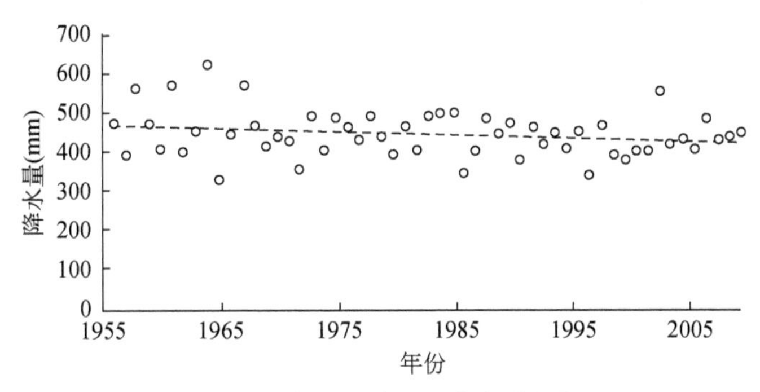

图 1-2 黄河流域系列降水量变化

表 1-1 黄河流域不同时段降水量变化 （单位：mm）

时段	1956 ~ 1969 年	1970 ~ 1979 年	1980 ~ 1989 年	1990 ~ 1999 年	2000 ~ 2010 年
降水量	471.3	444.6	443.9	425.3	437.4

1.1.3.2 黄河流域下垫面变化

20 世纪 70 年代以来，水利工程建设、水土保持工程建设、地下水过量开采等人类活动的不断加剧，改变了黄河流域下垫面条件，导致入渗、径流、蒸发等水平衡要素发生了变化，改变了部分地区下垫面条件和产汇流关系，如图 1-3 所示。

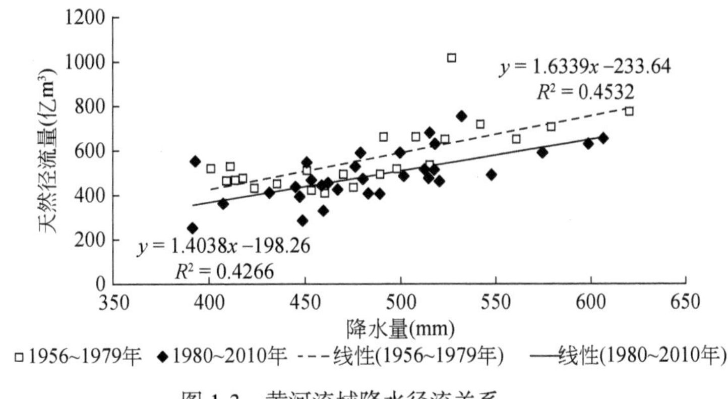

图 1-3 黄河流域降水径流关系

受下垫面变化影响黄河流域降水径流关系发生显著偏离，1980 ~ 2010 年降水量较 1956 ~ 1979 年减少了 4.2%，而径流量减少了 21.3%。黄河流域降水径流关系变化尤其以中游河口镇至三门峡区间最为剧烈，1980 ~ 2010 年降水量较 1956 ~ 1979 年减少了 4.4%，而径流量却减少了 41.6%。黄河流域降水径流变化的归因分析，概括起来包括以下几个方面。

1）水土保持等生态建设，减少地表径流量。20 世纪 70 年代以来，黄河中上游水土流失治理面积为 18.45 万 km^2，水土保持林草建设的实施，改变了土地类型，大量植被形成增加了林冠截流、草冠截流及淤地坝等人工建筑物截流量，并通过植物的蒸腾、水面蒸发等消耗。据研究，1980 年以来，黄河上中游水土保持年均消耗水量为 10 亿 m^3，大致分布情况为：兰州至河口镇区间的清水河、祖厉河等为 0.5 亿 m^3，河口镇至龙门区间为 6.4 亿 m^3，龙门至三门峡区间为 2.8 亿 m^3，三门峡至花园口区间为 0.3 亿 m^3。

2）地下水过量开采改变了水资源的转换关系，导致黄河河川径流量减少。1980 年，黄河流域浅层地下水开采量为 93 亿 m^3；2008 年，开采量达到 137.18 亿 m^3。随着黄河流域地下水开采量不断增加，原来以基流形式补给、形成地表径流的部分地下水，由于地下水的过量开采，而不再以地表径流出现，特别是一些工程傍河取水，直接对黄河河川径流量造成了一定影响。另外，由于地下水过量开采造成地下水位持续下降，部分河流的地表径流则转向补给地下水。

3）水利工程水面蒸发损失。水利工程尤其是黄河干流大型水库的修建增加了水面蒸发附加损失量，进而也减少了黄河流域地表径流的消耗量。据统计，目前黄河流域共建成蓄水工程 19 025 座，其中小（Ⅰ）型水库以上 492 座，总库容为 797 亿 m^3，按照水面蒸发年均为 1000mm 的净损耗折算，黄河流域水利工程年均水面蒸发损失接近 15 亿 m^3。

4）集雨利用消耗。黄河流域大部分地区属干旱和半干旱地区，降水量少、气候干燥，雨水资源利用是偏远地区解决水源问题的重要途径，雨水的积蓄利用直接减少了地表径流的产生量。黄河流域现有集雨工程多达 240 万个，直接利用消耗雨水约 1.0 亿 m^3，雨水的直接利用减少了黄河径流。

1.1.3.3 黄河流域水资源情势变化

由于气候变化和人类活动对下垫面的影响，黄河流域水资源情势发生了变化，其中黄河中游变化尤其显著，水资源数量明显减少。据第二次水资源评价，1956 ~ 2000 年系列黄河河川径流量为 534.79 亿 m^3，较 1919 ~ 1979 年系列的 580 亿 m^3 减少了 45.21 亿 m^3。与 1956 ~ 1979 年相比，1990 ~ 2000 年黄河流域平均降水量减少 8.5%，而天然径流量却减少了 19.9%。2001 ~ 2010 年黄河流域年均径流量为 474.5 亿 m^3，少于地表水资源量的系列均值。黄河流域水资源变化见表 1-2。

表 1-2　黄河流域不同时段降水量及天然径流量

项目	1956 ~ 1979 年	1980 ~ 2000 年	1990 ~ 2000 年	1956 ~ 2000 年	2001 ~ 2010 年
降水量 (mm)	460.20	432.01	421.29	447.04	437.4
径流量 (亿 m^3)	557.48	508.86	446.64	534.79	474.5

从各主要水文站天然径流量变化来看，黄河不同区域径流变化也有所不同。黄河源区径流变化幅度相对较小，与 1956 ~ 1979 年相比，1990 ~ 2000 年黄河源区天然径流量减少了 14%，2001 ~ 2010 年天然径流量减少了 12%，而同期黄河中游的龙门站天然径流量分别减少约 17% 和 19%，三门峡站天然径流量分别减少了约 20% 和 23%，是黄河流域径

流变化最大的区域。黄河流域主要水文站天然径流量变化见表 1-3。

表 1-3 黄河流域主要水文站天然径流量变化 （单位：亿 m^3）

水文站	1956 ~ 1979 年	1980 ~ 2000 年	1990 ~ 2000 年	1956 ~ 2000 年	2001 ~ 2010 年
唐乃亥站	203.3	207.2	175.4	205.1	179.9
兰州站	338.3	320.3	280.5	329.9	305.5
河口镇站	338.3	324.3	281.7	331.7	287.2
龙门站	390.4	366.2	325.1	379.1	318.1
三门峡站	502.1	460.6	401.1	482.7	384.5
花园口站	555.1	507.3	440.8	532.8	438.0

引起黄河水资源量明显减少的原因：一是降水偏枯，二是黄河流域下垫面条件变化导致降水径流关系变化。以人类活动较小的黄河源区为例，地表水资源量减少主要是降水量减少引起的。黄河中下游地区农业生产发展、水土保持生态环境建设，雨水集蓄利用及地下水开发利用等活动，改变了下垫面条件，使降水径流关系发生明显改变，尤其黄河中游更加突出，在同等降水条件下，河川径流量比以前有所减少。

随着水土保持作用的发挥和 1980 ~ 2000 年降水量尤其历史暴雨次数的减少，进入黄河下游的沙量也相应减少。黄河三门峡站 1956 ~ 1979 年实测输沙量为 14.2 亿 t，1980 ~ 2000 年实测输沙量为 7.8 亿 t，减少了 45%。

未来，黄土高原水土保持工程建设、水利工程建设和地下水的开发利用仍将影响产汇流关系向产流不利的方向变化，在降水量不变的情况下，黄河天然径流量将进一步减少。预测 2030 年黄河流域河川径流量将比目前减少约 20 亿 m^3。

1.1.3.4 黄河流域水资源及其利用的变化

20 世纪 80 年代，根据优先保证人民生活用水和国家重点工业建设用水；保证黄河下游输沙入海用水；水资源开发，要上中下游兼顾，统筹考虑等原则，水利部黄河水利委员会（简称黄委）开展了黄河流域水资源开发利用规划工作，提出黄河流域水资源需求预测成果，并对地表水资源量进行了省区间的分配。“87 分水方案”（《黄河可供水量分配方案》的简称）是以 1980 年为基准年，预测 2000 年水平年的供需形势开展的水资源配置。据此成果，1987 年国务院办公厅以国办发〔1987〕61 号文下发了《国务院办公厅转发国家计委和水电部关于黄河可供水量分配方案报告的通知》，明确了黄河地表水可分配 370 亿 m^3 的方案，指出该方案为南水北调生效以前的黄河水量分配方案，以此分配水量为依据，制定各省级行政区的用水规划。

黄河“87 分水方案”的实施，为黄河水资源的开发利用提供了重要依据，对黄河水资源的合理利用及节约用水起到了积极的推动作用，是黄河取水许可发放的主要依据，尤其是 20 世纪 90 年代以来，黄河下游断流日益严重，分水方案为黄河水资源的管理和调度，保证近年来下游不断流起到了不可替代的作用。但是自1980年以来，黄河流域水资源及其开发利用情况发生了巨大变化，需要对黄河水资源的配置进行调整。

（1）南水北调工程已开始实施

目前南水北调东线和中线工程已建成运营，南水北调西线一期工程正在进行前期工作，规划2030年前后生效。

随着南水北调中东线工程的通水，必将对黄河水资源的配置产生重要的影响。南水北调中东线工程虽然未向黄河流域直接补水，但是南水北调中东线工程通水后其供水范围涉及山东、河南、河北、天津等区域，通过开展水源置换等措施，在一定程度上减少黄河流域外供水量，缓解黄河供水压力。

（2）黄河水沙情势发生了变化

20世纪80年代以来，随着人类活动的影响不断深入，黄河水沙情势发生了显著变化，一方面天然径流量减少，从1915～1979年系列的580亿m^3减少到1956～2000年系列的535亿m^3，另一方面黄河的天然来沙量也明显减少，黄河水沙情势的变化对黄河流域水资源变化具有深刻影响。

黄河是一条受人类活动影响极大的河流，尤其是20世纪80年代以来，黄河流域水利水保措施、干流大型骨干工程、上中游灌区引水引沙等都起到了减沙作用。60年代以前，人类活动影响较小、减沙作用较小，可视为天然沙量，龙门、华县、河津、洑头四站1919～1969年年均实测沙量约为16.4亿t，其中五六十年代来沙较多，年均沙量超过17亿t。从50年代起国家就制定了水土保持规划，黄土高原的水土流失治理取得了显著的成效。截至2005年底，修建各类小型水利水土保持拦蓄工程400万处（座）；初步治理措施面积累计达到21.5万多平方千米。70年代以后，刘家峡、青铜峡等干流工程投入运用，黄土高原大规模水利水保措施逐步发挥作用，人类活动影响加剧、减沙作用明显增大。上游刘家峡、龙羊峡水库调节径流拦截泥沙，同时考虑宁蒙河道调整恢复减少河口镇输沙量约0.5亿t，致使实测沙量较天然沙量偏少。1956～1979年龙门、华县、河津、洑头四站实测来沙较多，年均16.2亿t。1980～2000年由于降水偏少，尤其暴雨较少，实测来沙较少，加上水土保持的拦沙作用，年均实测沙量为8.2亿t。2000年以来，黄河主要断面实测来沙量进一步减少到不足4.0亿t。

（3）各地区用水情况发生了变化

自20世纪80年代以来，随着国民经济的发展，黄河的供水量不断增加。与1980年以前相比，黄河流域的用水量、用水结构、各地区用水比例都发生了显著变化，1980年黄河总供水量为446.3亿m^3，2010年黄河供水量增长到512.05亿m^3。1980年以来黄河供水量变化如图1-4所示。

用水增长较快的地区包括上游的宁夏、内蒙古及下游河南和山东，一些省区用水已超出“87分水方案”指标，而还一些地区尚有分配水指标未得到充分利用。近10年黄河流域各省区平均耗水量情况见表1-4。

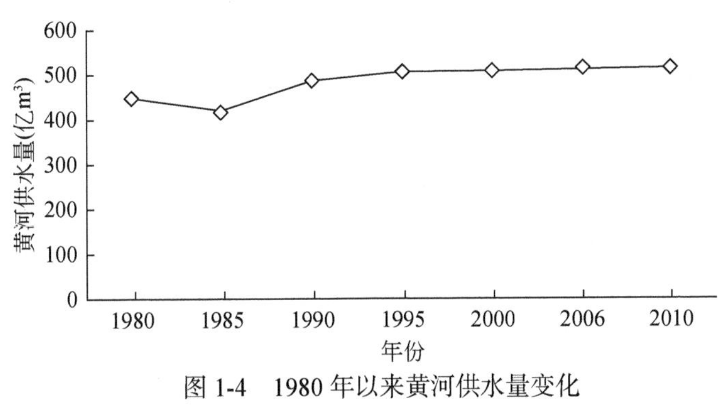

图1-4　1980年以来黄河供水量变化

资料来源：黄河水资源公报

表1-4　近10年黄河流域及其各省区平均耗水量情况　　（单位：亿 m^3）

项目	青海	四川	甘肃	宁夏	内蒙古	陕西	山西	河南	山东	津、冀	全河
分配水量	12.7	0.4	27.4	36.2	52.8	34.3	38.9	50.1	63.3	18.0	334.2
实际耗水量	10.8	0.3	30.6	38.2	59.9	27.2	18.7	44.8	80.2	6.6	317.4
超用水量	−1.9	−0.1	3.2	2.0	7.0	−7.1	−20.2	−5.2	16.9	−11.4	−16.8

资料来源：黄河水量调度工作总结

（4）重点地区和重点行业对供水保障的要求提高

黄河流域能源矿产资源十分丰富，随着西部大开发战略的实施和国家能源政策推进，为黄河流域工业尤其是能源化工产业的发展提供了发展机遇。黄河上中游地区是我国重要能源化工产业基地，2000年以来区域经济社会快速发展，对水资源的需求极其旺盛。据统计，2015年黄河流域工业用水量为67.57亿 m^3，较2000年增长了45.86亿 m^3，根据黄河流域水资源规划预测，2020年和2030年黄河流域工业需水量将进一步增长到99.9亿 m^3 和110.4亿 m^3。

在工业快速发展带动下，城镇规模也不断扩大，逐步形成我国西北地区的城市群。黄河流域城镇人口从2000年的3595万人，增长到2010年的5293万人，城镇人口增长了47%。根据国家发展总体规划，到2030年黄河流域城镇化率将超过65%，黄河流域城镇人口将达到8500万人。随着城镇规模扩张和城镇化水平提高，城镇生活用水需求也将不断增长，据预测黄河流域城镇生活需水量将从2010年的22.09亿 m^3 增加到2030年的34.65亿 m^3。根据《中华人民共和国水法》规定生活用水需要优先满足，城镇生活对供水的水质和供水保证率要求不断提升，黄河流域水资源面临更大的水质水量压力。

1.1.4 黄河流域水资源开发利用存在的问题

（1）水资源总量不足，难以支撑经济社会的可持续发展

黄河流域多年平均河川天然径流量为534.8亿m^3，仅占全国河川径流量的2%，人均年径流量为473m^3，仅为全国人均年径流量的23%，却承担占全国15%的耕地和12%人口的供水任务，同时还有向黄河流域外部分地区远距离调水的任务。黄河又是世界上泥沙最多的河流，有限的水资源还必须承担一般清水河流所没有的输沙任务，使可用于经济社会发展的水量进一步减少。

随着经济社会的发展，黄河流域及相关地区耗水量持续增加，水资源的制约作用已经凸现。不断扩大的供水范围和持续增长的供水要求，使水少沙多的黄河难以承受，黄河流域供水量由1980年的446亿m^3增加到目前的500亿m^3左右。20世纪90年代，黄河流域平均天然径流量为437亿m^3，利津断面实测水量仅119亿m^3，实际消耗径流量已达318亿m^3，占天然径流量的73%，已超过其承载能力。地下水开采量由1980年的93亿m^3增加到目前的140亿m^3左右，部分地区已超过地下水可开采量。此外，现状供水量中还有不合格水质水量125亿m^3。由于水资源短缺的制约，尚有约1000万亩有效面积得不到灌溉、部分灌区的灌溉保证率和灌溉定额明显偏低；部分计划开工建设的能源项目由于没有取水指标而无法立项，部分地区的工业园区和工业项目由于水资源供给不足而迟迟不能发挥效益。黄河流域经济社会发展面临最大的挑战之一就是水资源紧缺问题。

（2）水沙关系日益恶化、严重威胁河流健康

随着工农业用水的大幅度增加，人类活动加剧和降水量减少造成的黄河流域径流量大幅度减少，龙羊峡水库对径流的调节等因素的影响，20世纪80年代以来黄河流域来水来沙条件发生了较大变化，使本来已经不协调的水沙关系进一步恶化。

黄河中下游中常洪水发生的机遇减少。由于上游水库部分拦蓄汛期水量及来水来沙的变化等原因，1986年以来黄河中下游的汛期洪水特征发生了很大的变化，对3000m^3/s以上和6000m^3/s以上洪水年均发生的场次，黄河中游潼关站1986年前分别为5.5场和1.3场，1986年以后分别减少为2.1场和0.2场；花园口站1986年以前分别为5场和1.4场，1986年后分别减少为2.2场和0.3场。同时洪峰流量、洪水持续时间和洪量均有大幅度减少。黄河下游1950～1968年汛期（7～10月）流量大于3000m^3/s的年均天数和相应水量分别为44.6天和174.59亿m^3，1986～2006年分别为4.3天和14.70亿m^3。

黄河中下游汛期1000m^3/s以上流量的含沙量总体呈上升态势。1986年以后，潼关站、花园口站、利津站1000～3000m^3/s流量的含沙量分别从1985年以前的38.8kg/m^3、32.0kg/m^3、30.4kg/m^3增加到47.1kg/m^3、40.0kg/m^3、37.3kg/m^3；3000m^3/s以上较大流量级的含沙量分别从1985年以前的60.4kg/m^3、42.7kg/m^3、39.29kg/m^3增加到90.4kg/m^3、87.9kg/m^3、63.8 kg/m^3，含沙量增加幅度较大。

来沙系数增大。由于实测水量尤其是洪水流量大幅度减少，尽管来沙量也在减少，但同等含沙量的流量减少较大，来沙系数增大。河口镇至龙门区间是黄河的主要来沙区，

1956 ~ 1979 年平均来沙系数为 0.76kg · s/m^6，1980 ~ 2000 年来沙系数达到 0.89kg · s/m^6，渭河华县站来沙系数从 1956 ~ 1979 年的 0.21kg · s/m^6 增加到 1980 ~ 2000 年的 0.24kg · s/m^6。从场次洪水分析，来沙系数也呈增加趋势，以潼关站为例，1960 年以前，来沙系数一般在 0.05kg · s/m^6 以下，1992 年以来，大部分在 0.1kg · s/m^6 以上，个别年份达到 0.3kg · s/m^6。

黄河水沙关系恶化，造成河道淤积严重，过流主槽萎缩，平滩过流能力降低，防洪、防凌负担加重，严重威胁河流健康。黄河下游河道平滩流量由 20 世纪 80 年代的 6000m^3/s 左右下降到 2002 年汛前的 2000 ~ 3000m^3/s，局部河段只有 1800m^3/s。宁蒙河段历史上属于微淤河道，由于 1986 年以来龙羊峡、刘家峡水库汛期大量蓄水造成的长期小流量下泄降低了水流的输沙能力，河道主槽严重淤积萎缩，河道形态严重恶化，主槽过流能力下降（一般为 2000m^3/s 左右，部分河段仅 1000m^3/s 左右），部分河段成为“地上悬河”，严重威胁防洪、防凌安全，1990 年以来已发生 7 次凌汛决口。黄河小北干流河段 1986 年以来河道主槽淤积萎缩，平滩流量由 6000m^3/s 减小到目前的 2000m^3/s 左右，河道游荡摆动加剧，滩岸坍塌严重。

（3）生态用水被大量挤占，生态环境日趋恶化

20 世纪 70 年代以来，随着黄河流域的经济发展和用水量增加，以及降水偏少等原因引起的资源量减少，黄河入海水量大幅度减少，河流生态环境用水被挤占。据 1991 ~ 2000 年统计，黄河平均天然径流量为 437.00 亿 m^3，利津断面下泄水量为 119.17 亿 m^3。按黄河流域多年平均利津断面应下泄水量为 220 亿 m^3 并考虑丰增枯减的原则计算，1991 ~ 2000 年平均利津断面下泄水量应达到 179.77 亿 m^3，黄河河流生态环境用水被挤占 60.60 亿 m^3，在多年平均来水情况下，生态环境用水被挤占 26 亿 m^3。

河道内生态环境用水被大量挤占导致黄河断流频繁。1972 ~ 1999 年，黄河下游 22 年出现断流。最下游的利津水文站累计断流 82 次、1070 天，尤其是进入 20 世纪 90 年代，几乎年年断流，断流最严重的 1997 年，断流时间长达 226 天，断流河长达到开封。据对 90 年代统计，黄河下游被挤占的生态环境用水量达到 61 亿 m^3。同时，河道内生态水量不足，也导致河道淤积、二级悬河加剧、水环境恶化等一系列问题。1999 年开始黄河水量调度以来，虽然黄河下游没有出现断流，但这是在严格控制上中游用水的情况下取得的。即使如此，黄河下游最小流量也只有十几立方米每秒，远没有达到功能性不断流的要求。

另外，地下水的持续大量开采，一方面造成部分地区地下水位持续下降，形成大范围地下水降落漏斗，产生一系列地质环境灾害；另一方面也在一定程度上袭夺地表水，对河川径流产生很大影响。现状黄河流域存在主要地下水漏斗区 65 处，甘肃、宁夏、内蒙古、陕西、山西、河南、山东等省区均有分布，其中陕西、山西两省超采最为严重，分别存在漏斗区 34 处和 18 处。

（4）用水效率偏低，与严峻的缺水形势不相适应

基准年黄河流域人均用水量为 374m^3，与 1980 年人均用水量相当。按 2000 年不变价分析，万元国内生产总值（gross domestic product，GDP）用水量从 1980 年的 3742m^3 下降至基准年的 308m^3，减少了 92%；万元工业增加值取水量由 1980 年 876m^3 下降至 104m^3，下降了 88%；农田实灌定额由 1980 年的 542m^3/ 亩减少至 420m^3/ 亩，减少了 122m^3/ 亩。可见，黄河流域用水水平和用水效率有了较大提高，但与全国先进地区和世界发达国家相比，其水资源利用方式还很粗放，用水效率较低，浪费仍较严重。节水管理与节水技术还比较落后，主要用水效率指标与全国平均水平和发达国家尚有较大差距。

部分灌区渠系老化失修、工程配套较差、灌水田块偏大、沟长畦宽、土地不平整、灌水技术落后及用水管理粗放等原因，造成了灌区大水漫灌、浪费水严重的现象。工业用水重复利用率只有61%，与国内外先进城市相比差距较大。水价严重背离成本也是造成浪费水现象的重要原因，黄河流域内大部分自流灌区水价不足成本的40%。由于水价严重偏低，丧失了节约用水的内在经济动力，阻碍了节水工程的建设和节水技术的推广使用。水资源利用方式粗放，用水效率较低，浪费仍较严重，与黄河流域水资源总量缺乏、供需矛盾突出的形势形成强烈反差。

（5）纳污量超出水环境承载能力，水污染形势严峻

黄河流域匮乏的水资源条件决定了极为有限的水体纳污能力，水环境易被人为污染。随着黄河流域经济社会和城市化的快速发展，黄河流域废污水排放量由20世纪80年代初的21.7亿t增加到目前的42.5亿t，废污水排放量翻了一番，大量未经任何处理或有效处理的工业废水和城市污水直接排入河道，造成黄河流域内23%的河长劣于Ⅴ类水质，将近一半的河长达不到水功能要求。现状水平年黄河流域化学需氧量（chemical oxygen demand，COD）和氨氮纳污能力可利用量分别为73.9万t、3.41万t，而现状年流域水功能区污染物COD和氨氮实际入河量分别为103.40万t、9.80万t，污染物实际入河量远远超出了黄河流域水功能区的可承载能力。据统计，现状年接纳的排污量超过纳污能力控制要求的水功能区，其水域纳污能力COD和氨氮总量分别为25.45万t和1.03万t，实际接纳COD和氨氮量却分别高达75.24万t和7.58万t，受纳量分别是纳污能力的2.96倍、7.36倍。超载的水功能区均位于黄河流域人口稠密、工业集中分布的大中城市河段，如黄河干流，湟水、汾河、渭河、伊洛河、大汶河、沁蟒河等支流及其沿岸经济相对较发达的二级支流，以及宁蒙灌区范围内。这些区域集中接纳了黄河流域70%以上的排污量，远远超过水域的纳污能力。

黄河流域内工业产业结构不合理，高耗水、重污染和清洁生产水平低下的工业企业广为分布，工业废水超标排放严重；城市生活污水处理率低于全国平均水平；污染物排放集中，局部水域入河污染物严重超过纳污能力；饮用水安全受到威胁；农业面源污染基本没有得到控制。水环境的低承载能力和黄河流域高污染负荷，以及低水平的污染治理手段与控制技术，造成了黄河流域日趋严重的水污染问题，省际的水污染矛盾日益突出，黄河流域水污染形势十分严峻。

（6）水资源管理尚不能满足现代黄河流域管理的需要

多年来，黄河流域水资源管理取得了一定成就，实施了黄河可供水量的分配。1987年国务院以国办发〔1987〕61号文下发了《国务院办公厅转发国家计委和水电部关于黄河可供水量分配方案报告的通知》，规定了各省区的分配水量；编制完成的《黄河可供水量年度分配及干流水量调度方案》，于1998年经国务院批准由国家计划委员会和水利电力部联合颁布实施，为黄河水资源的管理和调度奠定了基础，1999年开始了全河干流的水量统一调度。2006 年国务院颁布了《黄河水量调度条例》，进一步确立了黄河水量调度的法律依据。同时，取水许可、建设项目水资源论证、水权转换试点等多项工作都卓有成效。

但与黄河水资源短缺的形势和水资源调度管理的复杂性相比，目前的水资源管理方法和手段尚不能满足现代黄河流域管理的需要。总量控制及定额管理相结合的水量管理技术体系尚不完善；以水功能区为单元的地表水水质管理制度还未建立，地下水功能区划分工尚未完成，技术体系还不完备；以河流生态环境用水为约束的水资源开发行为规范还没有建立，部分地区水资源无序开发和过度开发还没有得到有效遏制；以定额管理为基础的节约用水行为规范还没有全部实行，缺水和用水效率低下并存；干旱监测和降雨预报不能满足精细调度的要求，水资源监测网络特别是取、退水监测方面还很不完善；维持黄河健康生命的关键控制断面的调度控制参数指标体系还未科学建立。随着经济社会的快速发展，黄河流域水资源管理将面临更加复杂的形势，急需进一步提高和完善。

1.2 墨累－达令河流域水资源及其面临的问题

1.2.1 墨累－达令河流域概况

墨累－达令河位于 139°13'E ~ 152°28'E，24°43'S ~ 37°34'S，发源于新南威尔士州东南部雪山 (Snowy) 海拔为 1826m 的派勒特山（Pilt）西侧，在文特沃思市 (Wentworth) 接纳它的第一大支流达令 (Darling) 河，至南澳大利亚州的摩根后急转向南流 322km，在距海 77km 处流入亚历山德里娜湖，最后在阿德莱德附近注入南印度洋的因康特 (Encounter) 湾，是澳大利亚第一大河。墨累－达令河流域内有 23 条河流和地下水系，其中墨累河（河长为 2575km）和达令河（河长为 2739km）是两条最长河流。从达令河源头算起，墨累－达令河总长为 3750km，年均径流量为 238 亿 m^3，流域范围包括昆士兰州、新南威尔士州、维多利亚州和南澳大利亚州的部分地区及首都堪培拉直辖区，流域面积为 106 万 km^2，是澳大利亚面积最大的流域，约占澳大利亚土地面积的 14%。

墨累－达令河流域大部分地区地势平坦，在海拔 200m 以上，属于典型的平原地区。墨累－达令河流域主要位于南澳大利亚州以东，大分水岭以西，昆士兰州沃里戈岭以南的区域。干流自源头开始，有一段 450km 长的高地，尽管只占整个河长的 20%，但这一段河床的海拔下降却很大，即从源头的 1430m 左右下降至下游的 150m 左右。墨累河中、下游河床坡度小，在其 2000km 的长度中，平均每千米河床递减很小，水流极缓慢，宽阔的河谷中多沼泽。表面广布近期的冲积层和风积层，地表很少起伏。

澳大利亚是一个干旱的大陆，2/3 以上地区平均年降水量不足 500mm，1/3 地区不足 200mm，雨水稀少且不稳定，长期受干旱的威胁。墨累－达令河全流域年平均降水量仅为 425mm，整个墨累－达令河流域降水量变化较大，即从源头一带的 1400mm 降至奥尔伯里的 600mm 左右。在有些地区（如科罗瓦），蒸发量甚至超过了降水量。除墨累－达令河上游 500km 水流较大外，其余河段流量较小，有些河段还经常干涸。

墨累－达令河流域河网密布，支流众多，其中墨累河和达令河是两条最长的河流，达令河入口以上为墨累河上游，全长为1750km，流域面积为26.7万km^2，多年平均流量为168m^3/s。马兰比吉河是墨累河右岸的主要支流之一，位于新南威尔士州东南部。该河发源于东部高地山坡的坦坦加拉水库（Tantangara），流向东南至库马（Cooma），再转向北流，穿过首都堪培拉直辖区，到亚斯（Yass）折向西流，在奥克斯利（Oxley）市以南约30km处接纳拉克伦（Lachlan）河后在罗宾韦尔市附近注入墨累河。河流全长为1690km，流域面积为9.7万km^2，多年平均流量为119m^3/s。达令河支流众多，右岸主要支流有皮恩（Plan）河、巴旺（Barwon）河等，左岸主要支流有卡斯尔雷（Castlereagh）河、麦夸里（Macquarie）河等。在河流下游有梅宁迪（Menindee）湖、帕马马诺（Pamamaroo）湖等湖泊，其中梅宁迪湖对墨累河下游的径流起着重要的控制作用。

墨累－达令河流域是澳大利亚重要的农牧产业基地，拥有澳大利亚一半的绵羊及1/4的牛奶和奶制品，耕地面积占澳大利亚总面积的50%左右，灌溉面积为153.33万hm^2，占全国的75%，其流域范围具有湿地约3000个。2008年，墨累－达令河流域总人口约为223万，占全国总人口的11%。

1.2.2 水资源及其利用情况

（1）水资源量及其特征

墨累－达令河全流域年平均降水量仅为472mm，多年平均降水量由东南向西部递减，年均径流量为238亿m^3，平均径流深仅为22mm。整个墨累－达令河流域降水量具有时空分布不均的特点，即从源头一带的1400mm降至奥尔伯里的600mm左右。在有些地区(如科罗瓦)，蒸发量甚至超过了降水量。除了墨累－达令河上游500km水流较大外，其余河段流量较小，有些河段还经常干涸。产水主要在上游，干流年平均流量为190m^3/s，实测最大流量为4400 m^3/s，实测最小流量(调节后)为28 m^3/s。水资源年际变化大，最大径流量出现在1956年为1179.1亿m^3，最小径流量为2006年的67.4亿m^3，径流的极值比接近17.5倍；另外，径流年内变化大，降水主要集中在冬春两季，约占全年总量的2/3。墨累－达令河流域的主要特点是其源于降水丰富的东部高地，流经降水稀少、蒸发旺盛的广大平原地带，以致多数支流的中、下游常有断流现象，特别是干旱年断流月份更长。墨累－达令河流域连续枯水持续时间长，当前正经历自1996年起的连续17年干旱，给社会经济发展和人民生活带来巨大压力。

（2）洪水特性及防洪

墨累－达令河发源于澳大利亚最高山脉——雪山的西侧，在冬、春两季，墨累－达令河的一些主要支流，如马兰比吉河、古尔本河、米塔－米塔河、奥文斯河和基沃河等得到上游地区雪水的补给，所以这些河流的洪水主要发生在冬春两季。达令河得到几条向西流的河流的补给，这些河流均流经分水岭北部西坡。墨累河干流下游大部分地区地势平坦，为半干燥性气候，无地面径流，上游的洪水需要几周的时间才能抵达下游。在该河的中游段，大部分洪水离开主河槽，分流至众多的河流内，形成一个很大的天然滞洪区，其容量达49.3亿m^3。这部分洪水径流在640km外的下游重新流入主河道。该分洪系统主要河流有爱德华兹河和沃库尔河，形成一个巨大的分洪水库，对来自上游的洪水可进行有效的拦蓄，从而减少下游洪峰流量，同时，也延长了洪水的历时。

（3）水资源保护

墨累－达令河是澳大利亚最重要，也是受污染最严重的河流。在控制水质污染方面是采取监测与治理相结合的方法，墨累－达令河流域管理局在该流域的干、支流上，建立了水质监测站网。水质监测数据和水文测验数据都传送至墨累－达令河流域统一管理系统的数据库中，作为水质预测和进一步采取治理措施的依据。含盐度高是墨累－达令河最主要的水质问题，目前已采用的治理方法是：将盐分高的地下水抽至地面，与灌溉后盐分高的尾水一起送入荒漠中的蒸发塘。该方法收效良好，1982 ~ 1983 年旱季，引入蒸发塘的盐高达 20 万 t，相当于当年上游排入河道盐量的 40%；放水稀释，如发现某河段水体含盐量过高，就由附近水库放水加以稀释。同时，在河口建挡潮闸，防止枯水季节海水入侵污染地下含水层。

（4）水资源开发利用现状

墨累－达令河流经的大部分地区为干旱地区，其流域水资源开发利用的主要目的是灌溉和供水，并为当地提供电力。

1）供用水。墨累－达令河流域内用水过程可以划分为三个阶段：① 20 世纪 20 ~ 50 年代中期，这一时期重点放在整个区域的发展，大力发展农业作为主要手段来保障人口的增加及乡村、城镇的发展，全流域用水量由 20 亿 m^3 稳定增长至 40 亿 m^3，年增长率稳定保持在 2% 以下。② 50 年代中期至 1994 年（“Water Cap”政策出台前），该阶段社会经济高速发展，城镇生活、工业及农业用水竞争激烈，为满足用水需求大量私人供水设施投入使用，全流域用水量由 40 亿 m^3 增长至 107 亿 m^3，年增长率达到 3% ~ 4%；1988 ~ 1994 年，年用水增长率达到 7.3%，其中南澳大利亚州和昆士兰州分别增加了 36.9% 和 30.5%。③ 1995 年“Water Cap”政策出台后，虽然随后的个别年份用水量有少量增幅，如 1995 年、1997 年、2001 年用水量分别达到 121 亿 m^3、122 亿 m^3、120 亿 m^3，但其余年份用水量均得到了有效的控制，基本实现了墨累－达令河流域多年平均用水量的“零增长”。

2）典型调水工程。墨累－达令河流域内的雪山调水工程是世界著名的跨流域调水工程之一，从 1949 年 10 月开始到 1974 年全部工程基本完成，工期为 25 年，投资约为 8 亿美元。雪山调水工程包括两大调水系统：北部的雪河－蒂默特河调水工程和南部的雪河－墨累河调水工程，这两项调水工程通过水库和隧洞连成一体，成为统一的调水系统。雪山工程覆盖范围约为 3200km^2，包括 16 座坝，有效库容为 70 亿 m^3；80km 输水管道，145km 输水隧洞；7 座水电站，总装机容量为 373 万 kW；2 座扬水站（扬程分别为 232m 和 155m）；几百公里输电线路等，其主要效益为灌溉和发电。调水量为 23.6 亿 m^3，其中调入马兰比吉河为 13.7 亿 m^3，调入墨累河为 9.9 亿 m^3；年发电量约为 50 亿 kW · h，由雪山工程管理局负责运行管理。

（5）墨累－达令河流域水资源综合管理历程

墨累－达令河流域管理已有上百年历史。1884 年，新南威尔士州、维多利亚州与南澳大利亚州签署了《墨累河河水管理协议》。这是澳大利亚历史上第一个分水协议，该协议的签署打破了墨累河完全由南澳大利亚州管理的格局。1915年，新南威尔士州、维多利亚州、南澳大利亚州与澳大利亚联邦政府谈判，达成新的《墨累河河水管理协议》，把河水和取水权从州层分配到城镇、灌区和农户。1917年，墨累河流域委员会成立，保证了分水协议的执行。1924年和1934年，这个协议历经两次修订，但没有将达令河纳入该协议的管理框架中。此后很长一段时间，州与州之间争论的焦点是灌溉用水问题。20世纪60年代以来，以盐渍化为代表的水质问题日益突出，成为州与州之间冲突的焦点。1982年签署的《墨累－达令河水管理协议》，重视水质管理问题，第一次将生态问题纳入协议内容。

墨累－达令河流域形势的日益恶化，迫使相关政府寻求新的对策。1985年澳大利亚联邦政府、新南威尔士州政府、维多利亚州政府及南澳大利亚州政府的高级官员们举行了会议，商议对策。同年，流域综合管理的决策机构——墨累－达令河流域部级理事会成立，昆士兰州加入该理事会，达令河流域作为墨累河最大支流纳入了整个流域管理框架。在此后的两年里，这4个政府进行了大量协商，并最终于1987年10月缔结了《墨累－达令流域协议》。新协议的目的是：促进和协调行之有效的计划和管理活动，以实现对墨累－达令河流域的水、土地及环境资源的公平、富有并且可持续发展的利用。1988年，墨累－达令河流域委员会成立，取代了墨累河流域委员会。其后，首都堪培拉直辖区与墨累－达令河流域部级理事会签署备忘录，参与该流域管理，但不具有表决权。从此，历经百年，墨累－达令河流域管理机构建设终于基本完成。

目前，墨累－达令河流域有3个机构负责流域管理工作，它们分别是墨累－达令河流域部级理事会、墨累－达令河流域委员会和社会顾问委员会。墨累－达令河流域部级理事会是流域管理最高决策机构，一般由来自联邦政府和墨累－达令河流域四州负责土地、水和环境的部长共12名成员组成，职责是为墨累－达令河流域内自然资源管理制定政策，确定方向。墨累－达令河流域委员会是墨累－达令河流域部级理事会的执行机构，是一个独立机构，委员会主席由部级理事会指派，通常由持中立态度的大学教授担任；成员每州两名，由墨累－达令河流域4个州政府中负责土地、水及环境的司局长或高级官员担任。墨累－达令河流域委员会的主要职责是：分配墨累－达令河流域水资源，向墨累－达令河流域部级理事会就墨累－达令河流域自然资源管理提出咨询意见，实施资源管理策略，提供资金和框架性文件。目前，该委员会负责墨累－达令河流域内4个主要水库、16个水闸、5个堰及众多小建筑物的运行，按照用水户的要求，同时考虑生态与环境要求放水。社会顾问委员会是墨累－达令河流域部级理事会的咨询机构，负责广泛收集各方面的意见，进行调查研究，并就一些决策问题进行协调咨询，保证各方面的信息交流，及时发布最新的研究成果。社会顾问委员会通常有21名成员，来自4个州、12个地方流域机构和4个特殊利益群体，具有广泛的代表性。社会顾问委员会负责墨累－达令河流域委员会和社区之间的双向沟通，确保社区有效参与，以解决墨累－达令河流域内的水土资源和环境问题。

1.2.3 墨累－达令河流域环境变化与水资源演变

1.2.3.1 墨累－达令河流域水文要素变化

受气候因素的影响，墨累－达令河流域目前正在经受持续的干旱考验。1997 ~ 2009 的干旱（有时也被称为千年大旱）是 1900 ~ 2009 以来最严重的干旱，对墨累－达令河流域气温、降水、径流等产生了深远影响。

（1）气温升高

伴随着干旱的通常是越来越高的太阳辐射和气温，这些会导致农业、生态和生活用水需求增加，同时也会增加火灾风险。千年大旱期间，墨累－达令河流域气温迅速升高。据澳大利亚气象局统计，1950 ~ 2010 年墨累－达令河流域年平均最高气温和最低气温都呈现升高趋势，与全球变暖趋势一致。1950 ~ 2010 年，墨累－达令河流域 11 年滑动平均最高气温和最低气温与 1961 ~ 1990 年（图 1-8 中带箭头直线区间）的最高气温 24.4℃ 和最低气温 10.9℃一致。1950 ~ 2010 年，墨累－达令河流域年平均最高气温和最低气温与全球气温变化情况如图 1-5 所示。

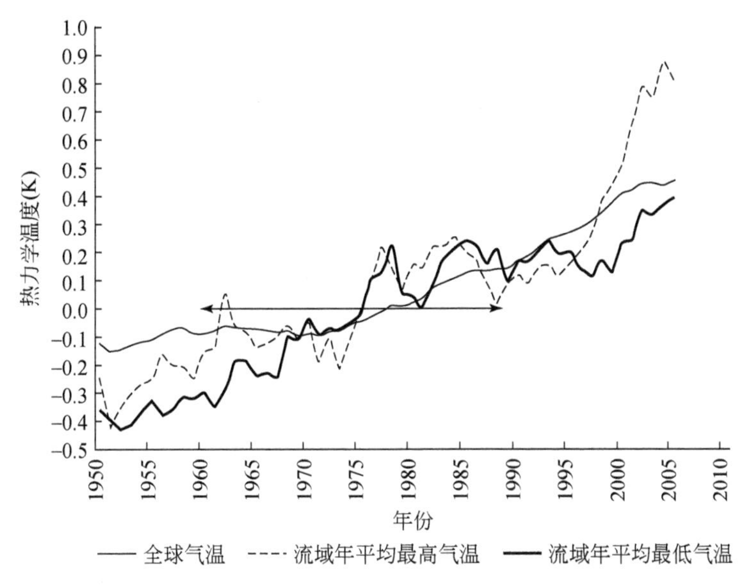

图 1-5 墨累－达令河流域 1950 ~ 2010 年年平均最高气温和最低气温与全球气温变化情况

（2）降水量减少

与墨累－达令河流域多年平均降水量相比，1997 ~ 2006 年平均年降水量减少 16% 左右。2001 年 10 月 ~ 2008 年 9 月，墨累－达令河流域降水量接近了 1900 年有记录以来的最低值。到 2009 年，墨累－达令河流域降水量减少幅度超过了历史最大干旱记录（1935 ~ 1945 年平均降水量）。采用 9 年滑动平均降水量来统计分析降水量年际变化幅度发现，降水量年际变化同样很大，1937 ~ 1945 年为 1900 ~ 2010 年最干旱时间段，最低年降水量为395mm，与近期2001 ~ 2009年最低降水量406mm接近。墨累－达令河流域1900 ~ 2010年年平均降水情况如图1-6所示。

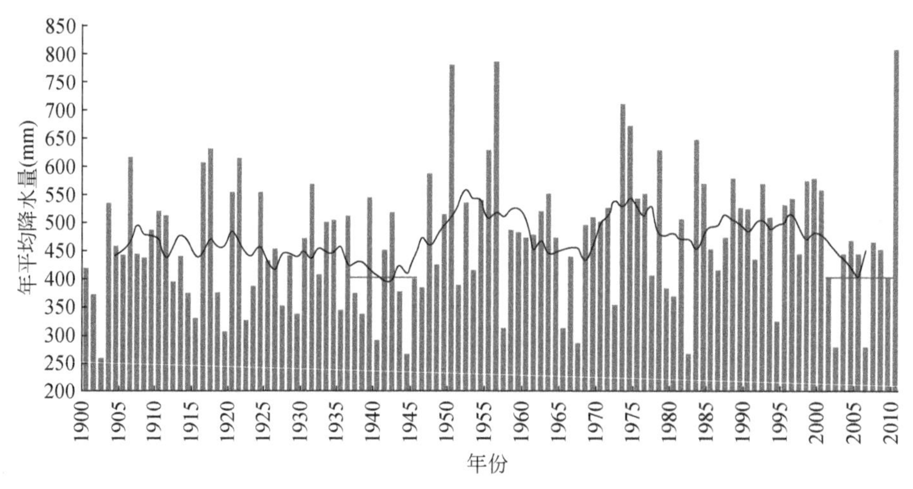

图1-6　墨累－达令河流域1900 ~ 2010年年平均降水情况

注：黑线为9年滑动平均降水变化情况；灰线为1937 ~ 1945年和2001 ~ 2009年两个时间段

（3）径流量减少

据墨累－达令河流域管理委员会统计，2009年墨累－达令河流域入流量仅是历史入流量的一半。2006年墨累－达令河流域入流量是1900年有记录以来117年的最低值，汛期7 ~ 10月入流量比多年平均入流量减少10%。2008年11月，墨累－达令河流域入流量低于连续37个月的平均入流量。与墨累－达令河流域多年平均径流量相比，1997 ~ 2006年平均年径流量减少39%。1997 ~ 2006年，墨累达令流域平均年降水较多年平均降水减少了将近16%，同期径流减少了39%。在2001年10月 ~ 2008年9月7年间，流域平均降水量接近自1900以来记录的最低7年平均年降水量（数据来源于2008年澳大利亚气象局）。据墨累达令流域委员会测算，2006年墨累达令流域入河径流量是1900年有记录以来117年最低值，2008年11月入河径流量甚至低于连续37个月的平均入流量。

1.2.3.2　墨累－达令河流域水资源情势变化

（1）多年地表水资源量变化情况

墨累－达令河流域地表水多年平均来水量为234亿m^3，1907 ~ 1955年地表水资源量变化较平缓，在220亿 ~ 340亿m^3波动，此时全流域用水不到50亿m^3，水利工程对径流的控制能力不强；20世纪50年代中期至60年代中后期，全流域地表水资源量较为丰富最多达到450亿m^3，同时这一时期恰逢澳大利亚农业灌溉大发展，大量蓄水工程投入使用，全流域水利工程总库容从1957年的不到50亿m^3迅速发展到1967年的240亿m^3，此时全流域用水量也达到近80亿m^3；之后1968 ~ 1997年，地表水来水量出现两次较大的波动，随着社会经济的高速发展，水利工程库容持续增加至2006年的360亿m^3，而来水量却由1997

年的 350 亿 m^3 陡降至 2006 年的不足 240 亿 m^3，这一时期 1995 年 “Water Cap” 政策适时出台，有效将全流域用水压减至 2006 年的 92 亿 m^3。墨累－达令河流域多年地表水资源量变化如图 1-7 所示。

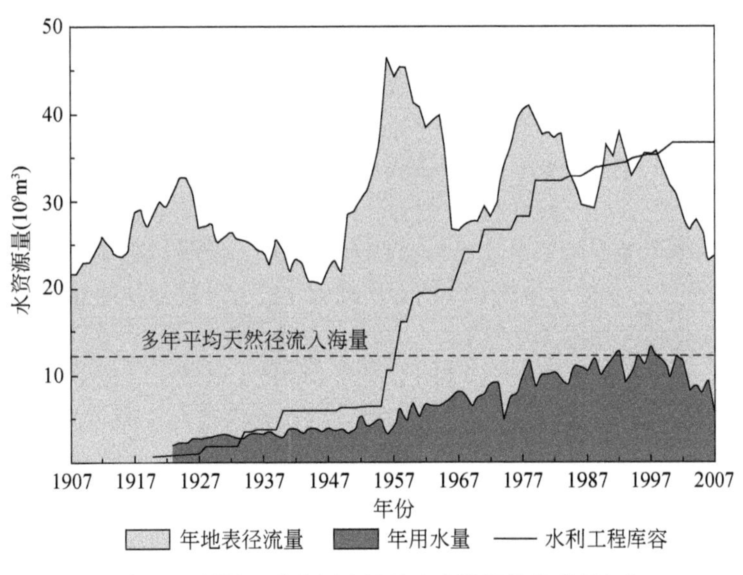

图 1-7 墨累－达令河流域地表水资源量长系列变化

（2）地表水蓄水量变化情况

干旱期间，大部分墨累－达令河流域地表水储存在水库、湖泊和湿地中。根据墨累－达令河流域管理委员会 2000 ～ 2010 年的统计数据，地表水蓄水量明显受到干旱影响，2000 年 11 月～ 2003 年 4 月，墨累－达令河流域地表水蓄水量从 2 万 GL①减少到 0.55 万 GL，减少了 73%。从 2002 年 8 月开始，墨累－达令河流域地表水蓄水量一直低于 1.4 万 GL，并在 2007 年 5 月达到最低值 0.2 万 GL。墨累－达令河流域 2000 ～ 2011 年地表水蓄水量变化情况如图 1-8 所示。

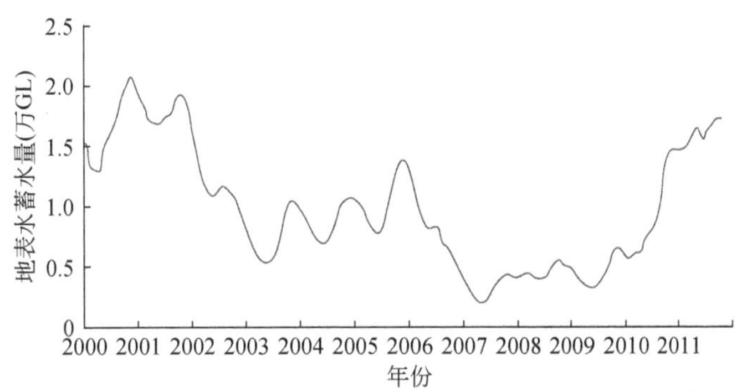

图 1-8 墨累－达令河流域 2000 ～ 2011 年地表水蓄水量变化情况

① GL 为英制的液量单位，1GL=10^9mL。

（3）灌溉用水量变化情况

墨累－达令河流域的耕地面积占澳大利亚陆地总面积的 50% 左右，灌溉面积为 153.33 万 hm^2，占全国的 75%。墨累－达令河流域灌溉用水量超过全国灌溉用水总量的 60%。严重的干旱暴露了在墨累－达令河流域水量分配中生态系统的脆弱性，为了环境可持续发展，墨累－达令河流域管理委员会于 2011 年制定了新的流域规划，调整了分水比例，决定每年将 2750GL 灌溉用水重新用于环境。与 1997 年墨累－达令河流域分水封顶“the Cap”制度分配的灌溉用水量相比，这一决定将永久用于灌溉用水的地表水量比例降低了 20%，将会对墨累－达令河流域灌溉、经济等方面产生一定影响。大干旱期间，墨累－达令河流域入流量的减少也影响了分配给灌溉用水的水量，灌溉用水从 2000 ~ 2001 年每年超过 12 000GL 降低到 2008 ~ 2009 年的低于 4094 GL。墨累－达令河流域 1996 ~ 2010 年灌溉分配水量变化情况如图 1-9 所示。

图 1-9　墨累 - 达令河流域 1996 ~ 2010 年灌溉分配水量变化情况

1.2.4　墨累－达令河流域水资源利用的主要问题

受气候因素的影响，墨累－达令河流域发生连续干旱、枯水时段持续时间长，应对干旱挑战，解决水资源利用问题是墨累－达令河流域水管理的主要任务。墨累－达令河流域水资源利用出现土地与植被退化、河流环境恶化、水利设施老化等问题，导致墨累－达令河流域水资源的不合理和低效率利用。墨累－达令河流域用水量大，水质污染较严重，造成土壤盐碱化、地表水水质恶化、海藻泛滥等问题，对墨累－达令河流域水资源利用和管理提出了严峻的挑战。墨累－达令河流域水资源主要问题可概括为以下三个方面。

（1）水资源开发利用矛盾突出

20 世纪 70 年代，墨累－达令河流域各州在流域内修建了许多大坝，使水库容量从 50 亿 m^3 增加到 300 亿 m^3，其流域灌溉用水量从 1920 年的 20 亿 m^3，增加到 90 年代早期的 105 亿 m^3，水利设施老化导致墨累－达令河流域水资源的不合理和低效率利用。

墨累－达令河流域涉及 4 个州，各州的自然地理特征、水资源时空分布格局、社会经济状况等复杂，造成墨累－达令河流域水管理中各地区、部门间协调问题较多。随着墨累－达令河流域经济社会的发展，加之流域内社会环境和自然环境正面临着持续干旱、气候变化等压力，河道外水资源消耗增加、争水加剧，下游水量明显减少，工农业生产受到影响，地下水位持续下降等问题。

（2）环境不断恶化

水资源的过度开发导致河流径流量减少，对河流健康与环境产生了重大的影响，水环境也曾面临水流量减少，干旱年份入海水量不足，出现海水倒灌的现象，以及水质恶化（营养盐增加、浊度增加、细菌与病毒增加、杀虫剂等化学品增加、城市废水增加）、缺水和水环境问题。自然植被砍伐、湿地与河岸带退化、有害动植物入侵、过度放牧等造成土地退化等都对墨累－达令河流域环境造成一定程度的影响。

（3）盐碱化程度加剧

墨累－达令河流域内多数地区干旱少雨，使土壤和地下水盐分集聚，人为的大面积砍伐树木，破坏了自然生态系统的调节和缓冲功能，又加剧了土壤盐碱化。墨累－达令河流域内盐碱化与内涝使水浇地土壤结构与肥力下降；风蚀与水蚀使旱地盐碱化。

1.3 两流域相似性

黄河是中华民族的母亲河，也是世界上最为复杂难治的河流。黄河流域属于资源性缺水的流域，仅占全国 2% 的河川径流量，却承担着全国 12% 的人口、15% 的耕地和沿河 50 多座大中城市的供水任务。随着社会经济的发展，以及全球气候变化和人类活动的影响，黄河水资源利用形势日趋严峻，水资源供需矛盾尖锐，水污染比较严重，水资源的短缺已经严重影响到了黄河流域沿岸地区的社会经济发展。

墨累－达令河流域面积为 106 万 km^2，是澳大利亚面积最大的流域，约占澳大利亚土地面积的 14%，是重要的农牧产业基地，拥有澳大利亚一半的绵羊及 1/4 的牛奶和奶制品，耕地面积占澳大利亚总面积的 50% 左右，灌溉面积为 153.33 万 hm^2，占全国的 75%。墨累－达令河流域管理已有百年多历史，1884 年新南威尔士州、维多利亚州与南澳大利亚州签署了《墨累河河水管理协议》，20 世纪 60 年代以来，以盐渍化为代表的水质问题日益突出。

1.3.1 水资源条件

从地理位置上看，黄河流域流经我国的西北和华北地区，流经干旱半干旱地区面积占黄河流域面积的一半以上，黄河流域气候干燥、降水量少、生态环境脆弱。墨累－达令河流域位于 24°43'S ～ 37°34'S，地理纬度与黄河流域接近，水文、气象等特征与黄河流域相似，因此水资源条件也具有高度的相似性。墨累－达令河径流主要产自于东部，流经的区域 2/3 为干旱半干旱地区，墨累－达令河流域水资源开发的主要目的是灌溉和供水。

从降水、径流量来比较，黄河流域多年平均降水量为471mm，降水具有时空分布不均的特征，从东南向西北部递减，产水主要在上游，兰州以上面积约占黄河流域面积的25%，而径流量约占全河的62%。年内集中、年际变化大，汛期7～10月的降水量和径流量均占全年的60%～70%，多形成洪水，含沙量高，开发利用难度大；黄河最大径流量和最小径流量的极值比超过3。墨累－达令河流域年平均降水量为472mm，多年平均降水量由东南向西部递减，年均径流量为238亿m^3，平均径流深仅为22mm。墨累－达令河流域水资源具有时空分布不均的特点，产水主要在上游，水资源年际变化大，最大径流量出现在1956年为1179.1亿m^3，最小径流量为2006年的67.4亿m^3，径流量的极值比接近17.5，径流年内变化大，主要集中在汛期。墨累－达令河流域的主要特点是其源于降水丰富的东部高地，流经降水稀少、蒸发旺盛的广大平原地带，以致多数支流的中、下游常有断流现象，特别是干旱年断流月份更长。墨累－达令河流域连续枯水持续时间长，给社会经济发展和人民生活带来巨大压力。

1.3.2 供用水情况

1）从水资源开发方面来看，据统计近10年黄河地表径流年均供水量为385亿m^3，地表水开发利用率达76%。20世纪90年代，墨累－达令河流域年用水量曾超过117亿m^3，利用率达48%以上。可见，黄河流域与墨累－达令河流域水资源利用率都非常高，地表水供水压力较大、水量不能满足流域用水需求。

2）从用水量方面来看，黄河流域农业灌溉年引水量超过300亿m^3，占黄河年径流量的50%以上。墨累－达令河流域每年农业用水量约占总用水量的27%，畜牧业用水大约占总用水量的35%，二者之和达62%。农业灌溉水量在黄河流域与墨累－达令河流域均占很大的比例，农业灌溉用水季节性强，具有相似的用水结构。

3）从供水方面来看，黄河流域地表水供水量为385亿m^3，占黄河流域总供水量512亿m^3的75%，是黄河流域的主要供水水源。黄河流域地下水开采量为127亿m^3，20世纪90年代地下水供水增长加快，出现了一系列的生态地质问题，之后地下水开采得到控制。墨累－达令河流域供水也以地表水为主，占墨累－达令河流域供水总量的77%，由于现有的取水限制并没有对墨累－达令河流域地下水开采进行限制，而地下水的消耗正呈现显著增长趋势，现状用水量达到33.2亿m^3，2012年公布的《流域规划》（*Basin Plan*）制定了可持续分水限制（sustainable diversion limits，SDLs）对地下水的开采量上限也进行了分配。

1.3.3 流域水资源管理

1）具有统一管理的机构。黄河水量管理由黄委实施统一管理。1998年12月国家发展计划委员会、水利部联合颁布的《黄河可供水量年度分配及干流水量调度方案》和《黄河水量调度管理办法》，从1999年3月开始，黄委正式实施了黄河水量统一调度。墨累－达令流域有3个机构负责流域管理工作，分别是墨累－达令河流域部级理事会、墨累－达令河流域委员会和社区咨询委员会。

2）具有水量统一分配的方案。20 世纪 80 年代，根据优先保证人民生活用水和国家重点工业建设用水；保证黄河下游输沙入海用水；水资源开发，要上中下游兼顾，统筹考虑等原则，黄委开展了黄河流域水资源开发利用规划工作，提出黄河流域水资源需求预测成果，并对地表水资源量进行了省区间的分配。据此成果，1987 年国务院办公厅以国办〔1987〕61 号文下发了《关于黄河可供水量分配方案报告的通知》，明确了黄河地表水可分配 370 亿 m^3 的方案，指出该方案为南水北调生效以前的黄河水量分配方案，以此分配水量为依据，制定各省区的用水规划。墨累 - 达令河流域也有较为完善的水量分配方案。

1.3.4 流域面临的水问题

随着流域用水需求的不断增长和水资源量的持续减少，黄河水资源面临供需矛盾日益突出、缺水日益严重等问题，水资源短缺成为制约黄河流域经济社会持续协调发展的重要因素，地区、部门之间水资源争夺加剧。同时由于黄河流域污染物排放和入河量不断增加，黄河水质恶化、水体功能降低或丧失等水环境问题，进一步加剧了水问题的严重性。另外，在地表供水量不足的情况下，黄河流域的一些地区大量超采地下水来满足用水需求，造成地下水位持续下降、地面下降及土地荒漠化等一系列地质环境灾害。

墨累 - 达令河流域水资源利用出现土地与植被退化、河流环境恶化、水利设施老化等问题，导致流域水资源的不合理和低效率利用。流域用水量大，水质污染较严重，造成土壤盐碱化、地表水水质恶化、海藻泛滥等问题，对墨累 - 达令河流域水资源利用和管理提出了严峻的挑战。

第2章　以水资源可持续利用为目标的流域规划对比

黄河流域与墨累 - 达令河流域水资源状况在水资源条件、供水、用水结构方面存在着很大的相似性，在水资源开发、利用与保护方面也面临着一些共性的问题需要解决。2002年3月，国家发展计划委员会和水利部联合发出通知，要求开展黄河水资源综合规划，系统评价水资源及开发利用现状，分析水资源情势变化，提出水资源开发、利用、配置、节约、保护和管理的方案与对策措施，促进水资源可持续利用，水利部黄河水利委员会于2009年完成《黄河流域水资源综合规划》，2010年通过国务院批复并颁布实施。墨累 - 达令河流域管理局（Murray-Darling Basin Authority，MDBA）2009年开始着手编制流域规划，提出一个综合的、可持续的全流域水资源管理战略计划，于2012年公布了一个具有动态效应的《流域规划》（*Basin Plan*），未来将根据实际执行的情况进行周期性地回顾、评价、修订。

本书在对两流域在规划目标、内容、手段对比的基础上，分析两大流域规划的差异性，并提出完善流域水资源规划的借鉴建议。

2.1　黄河流域水资源规划解决的重大问题

黄河流域水资源量少、泥沙含量大、水沙关系不协调，黄河流域及其下游流域外引黄地区经济社会的迅速发展和流域生态环境的良性维持对水资源提出了过高的要求，导致黄河流域水资源供需矛盾突出，一些支流和黄河下游生态环境用水被挤占，生态环境和水质恶化。《黄河流域水资源综合规划》（简称《规划》）以科学发展观为指导，以水资源合理配置、节约和保护为核心，坚持统筹规划、多措并举，坚持全面节水与适度调水相结合，坚持生态保护与水资源合理利用相结合，按照“上、中、下游统筹兼顾，多水源联合调配，合理配置生活、生产、生态用水”的总体思路，通过调整优化产业结构和用水结构，采取水量分配、高效节水、适度调水等综合手段，系统地勾画黄河流域水资源合理利用与生态保护的总体蓝图和战略体系，推进流域经济社会、资源环境协调发展。

2.1.1 水资源规划的目标

（1）总体目标

通过水资源的全面节约、有效保护、优化配置、合理开发、高效利用、综合治理和科学管理，通过兴建引汉济渭和南水北调西线一期工程调水，兴建干流骨干工程以完善水沙调控体系，在规划水平年（2030 年），节水型社会基本形成、供需矛盾初步解决，水沙关系得到较大程度改善，中水河槽得以维持，水质目标得以实现，饮水安全、粮食安全、城市供水安全及生态环境对水资源的需求得到基本保障，现代水资源管理制度和体系得以完善，由此促进和保障黄河流域人口、资源、环境和经济的协调发展，维持黄河健康生命，以水资源的可持续利用支撑经济社会的可持续发展，实现人水和谐。

（2）分期目标

至 2020 年，遏止水沙关系不协调和河道萎缩的趋势，并逐步恢复和改善；万元工业增加值取水量降低到 52.9m^3，比现状年降低 49%；进一步提高灌溉用水效率，灌溉水利用系数提高到 0.56 左右，节水型社会建设更加深入；农村饮水安全问题基本得到解决，城镇供水安全基本得到保障，黄河干流及支流重要水功能区水质达标，水污染得到有效控制。生态脆弱区基本建立生态环境建设用水保障体系，城乡人居水环境状况得到明显改善；地下水水质基本达到与其功能相对应的目标要求。在现状灌区规模的基础上，增加农田有效灌溉面积 617.9 万亩。基本形成与城镇化发展和新农村建设基本相适应的安全供水保障体系和抗旱服务体系。

至 2030 年，水沙关系得到较大程度改善，中水河槽得以维持，平均输沙入海及生态环境水量达到 210 亿 m^3 左右；水资源利用效率和效益接近同期全国先进水平，万元工业增加值取水量降低到 30.4m^3，比 2020 年降低 44%，灌溉水利用系数提高到 0.61 左右；城乡饮水安全问题得到解决，水功能区全面实现水质达标，水污染得到根本遏制，地下水开发区全部达到水功能区保护目标，被挤占的河道内生态环境用水、超采的地下水及不合理开采的深层承压水全部得到退还，生态环境对水资源的需求整体得到保障，生态系统实现良性循环；建成黄河流域和区域水资源合理配置和高效利用保障体系。实现跨黄河流域调水工程生效，与基准年相比，新增供水量为 105 亿 m^3，满足人民生活水平提高、经济社会发展、粮食安全保障和生态环境保护的用水需求，人居环境优美，水资源可持续利用，人与自然和谐发展。

（3）规划要点

需水量预测建立科学用水模式。强化节约用水，建设节水型农业、节水型工业和节水型服务业，提高水资源利用效率和效益。调整用水模式，严格控制用水总量增长。

水资源优化制定水资源配置方案。根据黄河流域水资源承载能力，建立水源配置合理、调度运行自如、安全保障程度高、抗御干旱能力强、生态环境良好的水资源合理配置格局和城乡安全供水保障体系。提高水资源应急调配能力。加强对水源的涵养，加快应急备用水源建设，推进城市和重要经济区双水源和多水源建设，加强水源地之间和供水系统之间的联网和联合调配。

工程规划实施干流骨干水库及跨流域调水等重大水资源配置工程。在充分考虑节约用水的前提下，通过水资源的供需分析，提出黄河流域重大水资源配置工程的布局。

水资源保护规划。实行污染物入河总量控制，以保障饮用水安全、恢复和保护水体功能、改善水环境为前提，根据水功能区的功能目标要求核定水域纳污能力，提出污染物入河限制排放总量意见。完善水功能区监控体系，完善城乡饮用水水源地水质监测和安全评价体系。

水生态修复和保护规划，合理安排生态用水、维护河流健康。根据河流的水资源条件和生态保护的要求，确定维护河流健康和改善人居环境的生态需水量，合理配置河道内生态用水，保障河道内基本的生态用水要求。实施地下水超采区压采，修复和保护地下水生态系统。

水资源综合管理制度。建立健全黄河流域管理与区域管理相结合的水资源管理体制，建立以水功能区为基础的水资源保护制度，逐步建立水生态保护制度。

2.1.2 动态评价水资源量

《规划》运用二元水循环理论，采用实测—还原—建模—模拟结合一致性处理的方法，动态评价了黄河流域水资源量及其变化情势，厘清了黄河流域水资源条件，为水资源规划提供重要的基础。规划采用 1204 个雨量站、337 个水面蒸发站、266 个水文站的 1956 ~ 2000 年逐日系列资料，以及大量地下水监测数据，评价了黄河流域 79.5 万 km^2 的降水、蒸发、径流、地下水、水资源总量。

根据 1980 年以来黄河流域下垫面变化对产汇流关系的影响，采取多种方法对比分析，对 1980 年以前的径流系列进行了一致性处理。根据黄河流域水资源量评价，在现状下垫面情况下，1956 ~ 2000 年系列黄河多年平均天然径流量为 534.79 亿 m^3。

黄河流域水资源量主要受降水量和下垫面条件的影响。在未来 30 年的时期内，黄土高原水土保持工程的建设、地下水的开发利用都将影响产汇流关系向产流不利的方向变化，即使在降水量不变的情况下，天然径流量将进一步减少。预测 2020 年、2030 年黄河多年平均天然径流量将分别为 519.79 亿 m^3、514.79 亿 m^3。黄河地下水与地表水之间的不重复量为 112.21 亿 m^3。

2.1.3 科学分析水资源可利用量

《规划》考虑维持河流健康的生态环境用水需求及水资源开发利用的工程条件等因素，科学评估了黄河流域不同水平年的水资源可利用量，为黄河流域水资源开发提供了重要的阈值基础。

根据国内外河道内生态环境需水预测的有关概念、理论与方法，结合黄河流域实际，《规划》提出黄河河道内生态需水包括输沙水量、维持中水河槽水量和生态基流。选定合理的需水预测方法，分别提出了黄河干流和主要支流 15 个断面的生态环境需水量。根据河流生态环境需水分析，黄河多年平均河流生态环境需水量为 200 亿～220 亿 m^3，考虑黄河流域的缺水情况，生态环境需水量不宜少于 200 亿 m^3，根据黄河流域水资源情况和输沙等生态环境用水要求，分析提出了黄河流域各水平年的水资源可利用量，见表 2-1。

表 2-1　不同水平年黄河流域水资源可利用量

水平年	天然径流量（亿 m^3）	水资源总量（亿 m^3）	河流生态环境需水量（亿 m^3）	地表水可利用量（亿 m^3）	地表水可利用率（%）	水资源可利用总量（亿 m^3）	水资源总量可利用率（%）
现状年	534.79	647.00	200 ～ 220	314.79 ～ 334.79	58.9 ～ 62.6	396.33 ～ 416.33	61.3 ～ 64.3
2020 年	519.79	632.00	200 ～ 220	299.79 ～ 319.79	57.7 ～ 61.5	381.33 ～ 401.33	60.3 ～ 63.5
2030 年	514.79	627.00	200 ～ 220	294.79 ～ 314.79	57.3 ～ 61.1	376.33 ～ 396.33	60.0 ～ 63.2

《规划》也详细分析了湟水、洮河、渭河、汾河、伊洛河等主要支流地表水资源可利用量、地表水资源可利用率、水资源可利用总量、水资源总量可利用率，详见表 2-2。

表 2-2　黄河主要支流主要断面现状水资源可利用量

支流	断面	天然径流量（亿 m^3）	水资源总量（亿 m^3）	河流生态环境需水量（亿 m^3）	地表水资源可利用量（亿 m^3）	地表水可利用率（%）	水资源可利用总量（亿 m^3）	水资源总量可利用率（%）
湟水	民和	20.53	21.63	8.26	12.27	59.8	13.05	60.3
洮河	红旗	48.25	48.41	22.10	26.15	54.2	26.26	54.2
渭河	华县	80.93	97.79	54.25	26.68	33.0	38.63	39.5
汾河	河津	18.47	31.28	5.72	12.75	69.0	21.72	69.4
伊洛河	黑石关	28.32	31.16	12.89	15.43	54.5	17.41	55.9

2.1.4　优选水资源开发利用模式

根据国家总体发展战略和全面建设小康社会的奋斗目标要求，《规划》以《国民经济和社会发展第十一个五年规划纲要》为基础，参考宏观经济研究院《国民经济发展布局与产业结构预测研究》和黄河流域各省区预测成果进行预测的，并经过全国、流域、省区多次协调，合理确定黄河流域经济社会发展模式。同时，基于经济社会发展与水资源开发利用协调发展的原则，按照建设节水型社会的要求，以可持续利用为目标，在充分考虑节约用水的前提下，根据各地区的水资源承载能力、水资源开发利用条件和工程布局等众多因素，并参考用水效率较高地区的用水水平，对黄河流域国民经济社会发展需水量进行了四种用水（节水）模式下的需水方案研究，主要内容如下。

（1）现状用水模式

该模式总体特点是需水外延式增长。该模式下的需水增长量明显超出了黄河流域水资源与水环境的承受能力，即使考虑外流域调水也很难满足该模式下的水资源需求，且不符合资源节约、环境友好型社会建设的要求。

（2）一般节水模式

该模式主要是在现状节水水平和相应的节水措施基础上，基本保持现有节水投入力度，并考虑20世纪80年代以来用水定额和用水量的变化趋势，确定需水方案。该模式下的需水量虽然考虑了节水与治污，但需新增供长量和废污水排放量仍比较大，在很多地区其水质和生态环境用水没有保障。

（3）强化节水模式

该模式主要是在一般节水的基础上，进一步加大节水投入力度，强化需水管理，抑制需水过快增长，进一步提高用水效率和节水水平等各种措施后，确定需水方案。总体特点是实施更加严格的强化节水措施，着力调整产业结构，加大节水投资力度。该模式既体现了强化节水和大力减污的要求，供水和治污投资均较小，基本保障了生态环境用水的需要，且通过多次协调和反馈，基本实现了水资源的供需平衡。

（4）超常节水模式

该模式的总体特点为：因水资源供给不能满足经济社会发展对水资源的合理需求，导致经济社会呈胁迫式发展。该模式体现了超强节水和大力减污的要求，供水和治污投资均较小，节水投资比以上三种模式下的节水投资有大幅度增加，投资规模超出了黄河流域经济社会发展的可承受能力；在该模式下，必须加大产业结构调整力度，甚至在很多地区需要强制性地关、转、并、停部分企业，增大了社会成本，影响了经济发展速度，并最终减少了黄河流域经济总量。

基于区域发展模式与水资源开发利用方式这两个层次，对以上四种用水模式进行比选，经过水资源供需分析的多次平衡协调，推荐强化节水模式方案为水资源利用模式，反映了今后相当长的时期内黄河流域国民经济和社会发展长期持续稳定增长对水资源的合理要求，保障了黄河流域经济社会的可持续发展，同时基本保障了河流和地下水生态系统的用水要求，并退还了现状国民经济挤占的生态环境用水量，符合资源节约、环境友好型社会建设的要求，可实现区域经济社会的可持续发展。

2.1.5 提出水资源优化配置方案

（1）综合分析水平年水资源供需形势

根据对黄河流域水资源合理利用模式的研究，基准年、2020年和2030年水平，河道外总需水量分别为485.79亿m^3、521.13亿m^3和547.33亿m^3。

规划通过合理利用地表水、跨区域调水、适度增加地下水开采及充分利用非常规水资源等措施，充分发挥水库群调蓄作用，按照“生活用水优先，农田保灌面积用水、工业、生态环境统筹兼顾”的供水顺序进行供水。计算可知，基准年、2020年和2030年水平可供水量分别达到419.75亿m^3、445.81亿m^3和443.18亿m^3，缺水量分别为66.04亿m^3、75.32亿m^3和104.15亿m^3。2030年水平不考虑南水北调西线调水工程，也不考虑引汉济渭调水工程情况下，黄河流域缺水率达到19.0%，黄河流域供需矛盾异常尖锐，外流域调水势在必行。见表 2-3。

表 2-3　黄河流域规划水平年水资源供需平衡分析　　（单位：亿 m^3）

水平年	需水量				供水量				缺水量
	生活	生产	河道外生态	总需水量	地表	地下	非常规水资源	总供水量	
基准年	36.45	436.29	13.05	485.79	304.82	113.22	1.72	419.75	66.04
2020 年	53.43	449.22	18.48	521.13	309.68	123.70	12.43	445.81	75.32
2030 年	65.21	457.47	24.65	547.33	297.54	125.28	20.36	443.18	104.15

（2）确立水资源合理开发的良性格局

水资源配置不仅为政府加强水资源的宏观调控提供依据，而且也要与目前的水资源管理紧密结合。黄河流域属缺水地区，未来地表径流量有所减少，需水量还将有所增加；并且有维持黄河健康生命的内在要求。另外，黄河已有“87 分水方案”，因此黄河水资源的配置，要充分考虑黄河的特点，统筹兼顾，提出能够维持黄河健康生命，以水资源的可持续利用支撑经济社会可持续发展的配置方案。

根据黄河流域的实际情况和特点，并结合目前的实际管理状况，黄河流域水资源综合规划水资源配置的原则：以维持黄河健康生命和促进经济社会可持续发展为出发点，以 1987 年国务院批准的《黄河可供水量分配方案》为基础，从充分协调好生活、生产、生态用水的关系，统筹兼顾上、中、下游，统一配置地表水、地下水，保证干支流主要断面维持一定的下泄水量等方面统筹规划，进行水资源的合理配置。

考虑到 2030 年黄河流域水资源条件将发生较大变化：第一，由于水土保持建设、水利工程建设等人类活动的影响，黄河河川径流量将持续减少，2020 年将比目前减少 15 亿 m^3，2030 年将减少 20 亿 m^3；第二，南水北调东中线工程已建成通水；第三，南水北调西线一期工程按 2030 年生效考虑。因此，黄河水资源配置分为三个阶段，即现状至南水北调东中线工程生效前、南水北调东中线工程生效后至南水北调西线一期工程生效前，南水北调西线一期工程生效后。

在南水北调西线一期工程生效前，黄河流域供需形势异常严峻，缺水严重，水资源配置要统筹考虑维持河流健康和国民经济各部门之间的用水关系。在优先保证城乡饮水安全的前提下，黄河水资源难以满足河道内需水量及各地区各部门的用水要求，在一些部门和行业将有一定的用水缺口。各地区在配置的水量内，必须做到统筹兼顾、合理安排，实行计划用水、节约用水。

在南水北调西线一期等调水工程生效后，供需矛盾大为缓解，在向河道外国民经济各部门增加供水的同时，增加一部分河道内输沙用水，在考虑河川径流量进一步减少后，入海水量达到 210 亿 m^3 左右。

综合以上原则和黄河水资源未来的变化，统筹配置水资源。现状至南水北调东、中线工程生效前，由于水资源短缺、经济社会发展与河流生态环境用水矛盾突出，地表水耗损量超过可利用量，入海水量无法满足要求。南水北调东、中线工程生效后至南水北调西线一期工程生效以前（2020 年水平），水资源矛盾更加突出，地表水耗损量超可利用量 11%，入海水量缺水 33 亿 m^3。因此，这一阶段是黄河流域水资源利用最紧张的阶段，应采取多种措施缓解供需矛盾。南水北调西线一期等调水工程生效后（2030 年水平），南水北调西线一期工程和引汉济渭调水工程等向黄河流域调水 97.63 亿 m^3，将有力地缓解黄河流域极度缺水的矛盾，地表水耗损量达到 401 亿 m^3，超过地表水可利用量 2%，入海水量达到 211 亿 m^3。黄河流域不同水平年水资源开发利用规划情况，见表 2-4。

此外，《规划》还考虑了特殊情况下黄河流域水资源配置的对策。特殊情况指的是特枯水年和连续枯水段，在此种年份，水资源量和可供水量比正常年景大幅减少，水资源调配考虑压缩需求、挖掘供水潜力、增强水资源应急调配能力和制定应急预案等对策，确保流域供水安全。

表 2-4　黄河流域不同水平年水资源开发利用规划情况

水平年	地表水							浅层地下水			生态环境需水量（亿 m^3）	入海水量（亿 m^3）	生态环境需水满足程度（%）
	可利用量（亿 m^3）			耗损量（亿 m^3）			耗损量占可利用量的比例（%）	可开采量（亿 m^3）	规划开采量（亿 m^3）	规划开采量占可开采量的比例（%）			
	当地	调入量	合计	当地	调出量	合计							
现状年	314.79		314.79	236.35	104.81	341.16	108.38	108	119.39	110.55	220	193.63	88.01
2020 年	299.79		299.79	239.45	93.34	332.79	111.01	111	119.39	107.56	220	187.00	85.00
2030 年	294.79	97.63	392.42	307.71	93.34	401.05	102.20	102	119.39	117.05	220	211.37	96.08

2.1.6　构建供水安全保障格局

2.1.6.1　提出重点领域水资源保障的策略

根据《规划》，在南水北调西线一期工程生效前，黄河流域缺水量将达到 110 亿 m^3，其中河道内缺水为 33 亿 m^3，河道外缺水为 77 亿 m^3。在实际用水过程中，人们往往先考虑生活和工业用水需求，而后才考虑农林牧灌溉，从而造成大量农业用水被挤占，使缺水总是表现为农业灌溉得不到保障。事实上，维持河流健康，保障城乡饮水安全、城镇供水安全、能源基地用水安全、粮食安全、生态安全都需要水资源的基本支撑，它们彼此之间相互联系，相互影响。在黄河流域水资源十分短缺的情况下，水资源配置时应优先保证城乡饮水安全，统筹兼顾其他行业和部门的用水需求，建立供水安全保障体系，以支撑流域经济社会发展。《规划》从以下几方面分析了重点领域和地区水资源安全保障措施，为促进黄河流域经济社会可持续发展和维持黄河生命健康提供基本规划指导。

（1）水沙关系改善

根据黄河水资源条件，在水资源配置时，加大节约用水力度，适时开展跨流域调水，缓解流域水资源供需矛盾；重视黄河汛期输沙和非汛期生态环境的用水需求，保证一定的河道内水量；通过水土流失治理、水库拦沙和滩区放淤等措施，减少入黄泥沙；建设古贤水利枢纽等必要的枢纽工程，完善水沙调控体系，进行调水调沙，通过水库的合理调度，改善水沙关系，缓解河道淤积的态势，塑造并维持中水河槽。

（2）城乡饮水安全保障

饮水安全是人类生存和发展的基础，保障饮水安全是水资源可持续利用的基本任务，是建设社会主义新农村和实现全面建设小康社会目标的必然要求。

至 2020 年前基本解决黄河流域内农村人口的饮水安全问题，建立起较为完善的水源地水质监测体系和农村饮水安全保障体系，使农村饮水安全问题得到全面解决，满足全面实现新农村建设目标对饮用水安全的要求。

2020 年全面改善城镇饮用水安全状况。水源保护区污染得到全面控制，水质水量得到有效保障，构建水源地突发污染事件应急体系，城镇饮用水安全得到全面保障，满足 2020 年全面实现小康社会目标对饮用水安全的要求。2030 年继续改善城市饮水安全状况，保障小康社会对饮用水安全的要求。

（3）城镇供水安全保障

在黄河水资源有限的条件下，按照“节水优先、治污为本、多渠道开源”的城镇水资源开发利用战略，加快城镇供水水源地和供水管网等供水设施的保护、配套和完善，保障城镇居民生活用水和城镇重要工业的用水量。主要采用措施有：①强化节水，控制水资源需求过快增长；②加强污水处理力度，保护城镇供水水源地；③多渠道开源，保障城镇发展的用水要求；④合理安排城镇生态环境用水，改善城镇居民人居环境和生活质量，逐步提高黄河流域城镇居民人均生态环境用水量。

（4）能源基地供水安全

黄河流域煤炭等矿产资源丰富，是我国重要的能源、重化工基地，在我国的能源安全中举足轻重。对能源基地用水需求的大量增加，在南水北调西线一期生效前水资源配置时，本着统筹兼顾的原则，首先保证居民生活用水，考虑能源基地的用水需求，在大力节约用水的情况下，通过水权转换等方式，尽力保障能源基地用水。在南水北调西线工程实施后，将能源基地作为主要供水对象，确保能源基地供水安全，促进流域经济社会又好又快发展。

（5）粮食安全保障

黄河流域是我国重要的农业区之一，2000 年其农田有效灌溉面积为 7563 万亩，占耕地面积的 31%，灌溉地粮食亩产为旱作的 2.0 ~ 5.8 倍，黄河流域灌溉地的粮食产量约为粮食总产量的 70%。为满足粮食生产及农业发展的用水要求，在强化农业节水和合理配置水资源的基础上，根据黄河流域土地和耕地资源分布情况，从国家建设社会主义新农村和全面建设小康社会的要求出发，响应国家的一系列支农惠农政策，结合黄河流域水资源条件，合理配置黄河水资源，保证保灌面积的用水需求，保障流域口粮安全。

2.1.6.2 确立黄河流域供水安全保障的工程布局

黄河水资源开发利用历史悠久，目前已建成了大量水资源开发利用工程，在黄河的治理与开发中发挥了重要作用。随黄河流域经济社会的发展、用水增加，黄河水资源供需矛盾日益突出。为满足黄河流域及临近地区不断增长的用水需求，黄河流域将规划新增一批水资源配置重大工程，增加黄河水资源量，提高黄河水资源调节水平，有效缓解黄河缺水形势。

黄河流域的重大水资源配置工程包括蓄水工程、引提水工程和调水工程。在黄河干流兴建古贤等骨干水利枢纽，与黄河现有的龙羊峡、刘家峡、三门峡、小浪底四大水库共同构成黄河水沙调控体系和水资源配置体系。此外在一些主要支流，新建区域及地方性的骨干水库枢纽，提高水资源调控水平和保障能力。

规划主要引水工程包括：①引大济湟工程，从水量相对充裕的大通河调水进入湟水，保证西宁市和海东地区的供水；②引洮入定工程，从洮河九甸峡引水供给水资源短缺且发展落后的定西地区，解决当地人畜饮水和必需的生产用水；③引沁入汾工程，从沁河引水供给山西省临汾地区，缓解汾河的供水压力等。

规划跨流域调水工程包括：①引汉济渭调水工程，从汉江干流黄金峡水库和支流子午河三河口水库调水，入黑河金盆水库后，为关中地区（现关中地区位于陕西省中部，包括西安、宝鸡、咸阳、渭南、铜川、杨凌五市一区）的城市及农业供水；②南水北调东线工程向山东供水 1.26 亿 m^3；③南水北调西线一期工程从雅砻江、大渡河干支流调水，增加黄河水资源可利用总量，为黄河流域的相关地区增加供水，实现水资源时空调节、优化区域间水资源调配。

2.1.7 形成合理的生态环境保护体系

从 20 世纪 70 年代以来，随着黄河流域的经济发展和用水量增加，加上降水偏少等原因引起的资源量减少，黄河入海水量大幅度减少，河流生态环境用水被挤占，导致黄河断流频繁、河道淤积、二级悬河加剧、水环境恶化等一系列问题。《规划》通过科学预测河道内生态需水，制定推进重点河流和地区水生态修复的措施，以水资源承载能力为约束，确保黄河下游不断流，控制地下水开采量，基本满足重要湿地和生态林草建设的用水，遏制重要水域的水生态恶化趋势，实现生态系统良性循环、人与自然和谐发展。

2.1.7.1 科学预测河道内需水

根据区域水资源合理利用模式，确定河道内生态需水量。河道内需水量包括输沙水量、维持中水河槽水量和生态需水量。同时，根据黄河流域干支流水资源量及其开发利用情况，并考虑水资源配置的需要，规划选择 15 个断面作为河道内生态环境需水计算断面，其中干流 4 个断面，支流 11 个断面。对黄河水资源配置起关键作用的主要是干流的利津断面、河口镇断面和支流的渭河华县断面 3 个断面。

（1）来沙量预测

根据黄河流域水土保持规划，到 2020 年，随着各种水利水保措施的实施，黄河流域水土流失治理初见成效，减少入黄泥沙达到 6 亿 t；到 2030 年，进一步加大治理力度，完成黄河流域水土流失的初步治理，重点地区治理不断巩固提高，减少入黄泥沙达到 7 亿 t。

（2）重要断面生态需水量

利津断面非汛期生态需水量主要包括河道不断流、河口三角洲湿地、水质、生物需水量等。考虑到黄河水资源现状利用情况及未来水资源供需形势，利津断面非汛期生态环境需水量宜在 50 亿 m^3 左右。

河口镇断面非汛期生态环境需水量主要包括河道不断流、防凌流量、河流生态等需水量。在满足防凌要求和生态环境要求的情况下，河口镇断面非汛期生态需水量为 77 亿 m^3，考虑到生态环境和中下游用水要求，最小流量为 250m^3/s。

对于渭河华县断面，规划结合渭河的实际情况，确定渭河下游河道内低限生态环境水量时，主要考虑了维持渭河河道基本形态，保证一定基流量、维持渭河一定的稀释自净能力、维持渭河基本的生态环境和满足景观用水等方面，根据渭河生态环境基本需要，初步确定非汛期（11 月至次年 5 月）渭河低限生态需水量为 6.1 亿 m^3。

（3）其他断面

除利津断面、河口镇断面和渭河华县断面外，规划选取的其他断面没有输沙要求，采用 Tennant 法和分项计算法计算。黄河流域干、支流主要断面河道内生态环境需水量，见表 2-5。

表 2-5　黄河流域干支流主要断面河道内生态环境需水量　（单位：亿 m^3）

河流名称	节点名称	多年平均天然径流量			河道内生态环境需水量			备注
		全年	汛期	非汛期	全年	汛期	非汛期	
黄河干流	唐乃亥	205.15	122.83	82.32	65.60	49.13	16.46	
	兰州	329.89	191.81	138.07	104.34	76.73	27.61	
	河口镇	331.75	196.56	135.19	197.00	120.00	77.00	
	利津	534.79	307.64	227.16	200.00 ~ 220.00	150.00 ~ 170.00	50.00	
湟水	民和	20.53	10.79	9.74	8.26	6.32	1.95	
洮河	红旗	48.25	27.23	21.03	22.10	17.89	4.21	
无定河	白家川	11.51	5.10	6.41	3.32	2.04	1.28	
渭河	北道	14.13	7.47	6.65	4.32	2.99	1.33	
渭河	华县	80.93	45.68	35.26	54.00 ~ 64.00	43.00 ~ 52.00	11.00 ~ 12.00	非汛期需水含 6 月输沙水量
北洛河	洑头	8.96	4.87	4.09	2.77	1.95	0.82	
汾河	汾河水库	3.62	2.13	1.49	1.15	0.85	0.30	
汾河	河津	18.47	10.12	8.35	5.70	4.00	1.70	
伊洛河	黑石关	28.32	16.12	12.20	12.90	10.50	2.40	
沁河	武陟	13.01	7.55	5.46	4.10	3.00	1.10	非汛期最小流量 3.0m^3/s
大汶河	戴村坝	13.70	10.81	2.88	4.15	3.57	0.58	

2.1.7.2 提出黄河流域生态保护的具体措施

根据黄河流域水资源状况、实际用水状况及未来各部门对水资源的需求情况，在科学预测生态环境的需水要求基础上，通过地表水、地下水、非常规水源等多源互补，充分发挥黄河流域水库群的蓄丰补枯调节作用，采用统一调度方式，对黄河干支流主要断面的下泄水量进行合理配置。配置非汛期水量入海水量 50 亿 m^3 以上。

黄河流域水生态保护的目标：一是满足河流基本生态环境需水，维持河流生态系统的健康；二是限制地下水过量开采，维持合理的地下水位，避免环境地质灾害；三是满足湖泊湿地补水和林草植被生态建设等用水要求，提高其水源涵养功能；四是形成具有良性循环的水生态系统，实现水资源的可持续利用、水生态环境保护与经济社会发展相协调。基于以上目标，规划制定了河流、地下水、湖泊湿地及生态林草建设等的水生态保护措施，逐步完善黄河流域水生态保护体系。

（1）河流水生态保护

1）合理配置生态环境需水量。根据黄河流域水资源状况、实际用水状况及未来各部门对水资源的需求情况，充分考虑生态环境需水的要求，对黄河干支流主要断面的下泄水量进行合理配置。配置非汛期水量入海水量在 50 亿 m^3 以上。

2）全河水量统一调度。1999 年以来，黄河干流水量调度的实践证明，水量统一调度对抑制水资源不合理需求、实现水资源合理配置、退还被挤占的生态环境需水量、确保黄河下游不断流发挥了重大作用。

为实现黄河水资源的可持续利用，促进有限的黄河水资源的优化配置，提高利用效率，正确处理上下游、左右岸、地区之间、部门之间的关系，统筹协调沿黄地区经济社会发展与河流断面生态需水，黄河的水量调度将从干流统一调度扩大到全河水量统一调度，从地表水统一调度扩大到地表水和地下水联合调度。

3）实施跨流域调水工程。规划实施南水北调西线一期工程和引汉济渭调水工程等跨流域调水工程，2030 年实现调入黄河水量为 97.63 亿 m^3，可有效缓解黄河水资源紧缺的局面，补充黄河河流生态环境需水量为 29.37 亿 m^3。通过以上措施，逐步退还被挤占的生态环境需水量。

（2）地下水生态保护

根据区域水资源供需情况和地下水开发利用状况，对不同规划水平年地下水资源进行了合理配置。浅层地下水，对尚有开发潜力的区域，适度增加开采量，已超采地下水的区域，根据替代水源条件逐步压缩开采量；深层承压水一般作为应急水源，在规划中逐步压缩开采量。黄河流域深层地下水和平原区浅层地下水退还量为 24.0 亿 m^3，维持黄河流域地下水生态系统的良性循环。

（3）湖泊湿地及生态林草建设

通过水资源合理配置和水量的统一调度，基本维持黄河流域生态林草建设用水，在黄河流域河源区，实施以草场围栏封育、退耕还林还草、草原鼠害防治、湖泊湿地保护等为主的工程措施；通过增加河道内的下泄水量，维持河口地区等重要湿地的用水要求。

2.1.8 初步建立水资源管理制度框架

（1）提出流域统一管理的管理机构建议

《中华人民共和国水法》规定了流域管理机构在所辖范围内行使法律、法规规定和国务院水行政主管部门授予的水资源管理和监督职责。贯彻实施《中华人民共和国水法》，应当对水资源实行统一管理，建立流域与区域相结合的水资源管理体制。

结合黄河流域水资源利用和管理的实际，进一步明确黄河流域与行政区域的管理职责。建立分工负责、各方参与、民主协商、共同决策的黄河流域议事决策机制和高效的执行机制。建立适应社会主义市场经济要求的集中统一、依法行政、具有权威的黄河流域管理新体制，加强黄河流域水资源统一配置、统一调度，在干流已经实施统一调度的基础上，抓紧实施主要支流的统一调度和管理工作。

加强黄河流域机构对黄河流域的统一管理，理顺管理体制，建立权威、高效、协调的黄河流域统一管理体制，有效协调各部门、各省区间的关系，更好地解决黄河治理开发中的重大问题。加强行政区域内水资源综合管理，健全完善水资源管理和配套法规、规章，明确黄河流域管理机构与地方水行政管理部门的事权，各司其职、各负其责，以实现水资源评价、规划、配置、调度、节约、保护的综合管理。

（2）划定水资源管理“三条红线”

1）水资源利用总量控制。黄河流域属缺水地区，且水沙异源、水土资源分布不一致，要求黄河水资源的开发利用必须统筹兼顾除害兴利及上中下游、各部门的关系，统一调度全河水量，上游水库调蓄和工农业用水必须兼顾下游工农业用水和输送中游泥沙用水。统筹考虑生活、生产和生态环境用水需求，根据黄河流域水资源条件及生态环境状况，分析水资源可利用量作为社会经济系统用水总量的“控制红线”。

2）用水效率控制。针对黄河流域用水特点、现状用水效率与水平，考虑可预知的技术水平，划定黄河流域水资源利用的“效率红线”：2030 年农业灌溉水利用系数提高到 0.61；万元工业增加值用水定额下降至 30.4m^3。

3）水功能区纳污控制。将西北诸河划分为 356 个水功能一级区、389 个水功能二级区。根据各水域功能要求，按水功能区水质目标、排污口位置及排污方式，分析各水功能区的纳污能力，以水功能区为控制单元，核定水域纳污能力，划定黄河流域入河污染物总量控制“水功能区限制纳污红线纳污限制红线”：现状水平年 COD 和氨氮入河控制量分别为 125.3 万 t 和 5.82 万 t，到 2030 年 COD 和氨氮入河量控制在 155.2 万 t 和 7.27 万 t。

（3）确立现代水资源管理的方向

建立健全黄河流域管理与区域管理相结合的水资源管理体制。建立健全区域水资源可持续利用协调机制，完善黄河流域与区域相结合的水资源管理体制，合理划分黄河流域管理与区域管理的职责范围和事权，建立适应社会主义市场经济要求的集中统一、依法行政、具有权威的黄河流域管理体制，探索建立黄河流域科学决策民主管理机制，加强对黄河流域水资源统一规划、统一调配和综合管理。

完善黄河流域水资源管理的制度。制度建设是保障水资源可持续利用、支撑经济社会可持续发展的重要措施，针对黄河流域现状水资源管理面临的主要问题，结合未来水资源管理要求，《规划》提出水资源管理制度建设框架体系，建立有利于合理开发、高效利用和有效保护的水资源管理体制和机制，包括：建立健全黄河流域与区域相结合的水资源管理体制、完善取水许可和水资源费征收管理制度、建立科学合理的水价形成机制、建立和完善黄河流域水权转换制度、完善水功能区管理制度、建立水资源循环利用体系的有关制度、建立黄河水资源应急调度制度等。

2.1.9 黄河流域水资源规划效果

《规划》在查清黄河流域水资源、水环境和生态环境现状的基础上，充分考虑黄河流域水资源和水环境承载能力，经水资源利用的多方案分析论证后，提出了比较科学合理的水资源综合规划方案，能够基本实现黄河流域水资源的合理开发、高效利用、优化配置、全面节约、有效保护、综合治理和科学管理的总体目标，规划方案的实施，将极大地促进和保障黄河流域人口、资源、环境和经济的协调发展，产生巨大的社会经济和环境效益，可基本解决水资源短缺、水污染和水生态环境失衡等问题，确保饮水安全、粮食安全、城市供水安全。规划的效果包括以下几个方面。

（1）维持河流健康

《规划》以维持黄河健康生命为出发点，拟定了河流生态系统保护的分期实施方案，近期通过水资源的合理配置，增加配置河道内生态水量，遏制对维持黄河健康生命的各种不利因素继续恶化的趋势，充分考虑河流自身的要求，保证干支流主要控制断面汛期输沙和非汛期低限生态水量，逐步恢复河道基本功能，使河流生态系统得到有效改善；远期南水北调西线一期等调水工程生效后，进一步增加河道内输沙和生态环境用水，塑造并维持稳定的中水河槽，为维持河流健康创造有利条件。

（2）促进节水型社会建设

《规划》按照建设资源节约型和环境友好型社会的要求，提出了节水型社会建设的节水工程措施、水资源可持续利用的管理制度与水资源特点相适应的产业布局。农业采取合理调整农作物布局和优化种植业结构、加快大中型灌区的节水改造、积极推进重点井灌区和小型灌区节水改造、发展田间节水增效工程和推广先进节水技术、因地制宜地发展牧区节水灌溉、大力发展旱作节水农业、积极推行林果业和养殖业节水等措施，促进高效节水型农业发展；工业采取优化区域产业布局和加大工业布局调整力度、大力发展循环经济与推广先进节水技术和节水工艺、强化企业计划用水和内部用水管理、积极利用非常规水源、组织实施节水重大技术开发及示范工程等措施，走新型工业化道路，提高工业用水效率。

（3）缓解水资源供需矛盾

《规划》采用污水回用、雨水利用及跨流域调水方案可增加黄河流域水资源可利用量和生态环境需水量。2030 年通过加强污水治理回用可以使用再生水为 18.8 亿 m^3，加强集雨工程建设利用雨水 1.6 亿 m^3，增加黄河流域供水总量；2030 年南水北调西线一期工程及引汉济渭调水工程等跨流域调水工程生效后，可向黄河流域补充水量为 97.6 亿 m^3，通过黄河流域水利工程的联合调配、蓄丰补枯运用、统一调度，有利于全面协调河道内、外，上、中、下游，生活、生产、生态之间的用水关系，为黄河流域供水安全、能源安全、粮食安全和生态安全提供水资源保障。根据《规划》水资源配置成果，河道外可增加消耗水量为 68.3 亿 m^3，届时黄河流域水资源短缺状况将得到大大缓解，河道外总缺水量将减少为 26.7 亿 m^3，缺水率降为 4.9%；同时向河道内补充水量 29.4 亿 m^3，黄河多年平均入海水量可达到 211.4 亿 m^3，基本满足河道内生态需水量。方案的实施可以一定程度地缓解黄河缺水状况，对保障黄河流域和区域供水安全发挥积极的作用。

（4）促进经济社会可持续发展

保障城乡用水安全。通过规划方案的实施，可基本满足城乡生活、生产用水需求，为加快黄河流域城市化进程和社会主义新农村建设提供水资源保障。

保证国家重点建设工业用水。规划实施后将向宁夏的宁东、内蒙古的鄂尔多斯、陕西的陕北榆林和山西的离柳等能源工业基地供水 17.9 亿 m^3，可基本满足其 2030 年水平新增用水需求，必将大大促进该部分地区经济社会的快速发展。

提高农业供水的保证率。《规划》制定的规划方案实施后，可向河道外生产、生活增加供水，置换和减少工业、生活挤占的农业用水量，从而提高农业供水保证率，并在现状农田灌溉面积的基础上，新增农田灌溉面积为 775.6 万亩，为提高黄河流域粮食安全提供水资源保障。

促进区域协调发展。通过实施区域间调水工程，增加局部地区供水能力，解决区域水资源分布不均和支流缺水问题。实施引大济湟工程、引沁入汾工程、引黄入晋工程及其他调水工程，缓解湟水、汾河等支流水资源短缺问题。引大济湟工程是引大通河水入湟水支流北川河补充西宁市工业和城市生活用水及湟水干流环境用水的重大战略措施。引黄入晋工程、引沁入汾工程可缓解汾河流域水资源短缺，为山西发展提供水资源保障。洮河是黄河上游较大的一级支流，水量相对较为丰沛。通过实施引洮入定引水工程，对解决和改善人畜饮水困难问题、改变该地区贫困落后面貌，提高人民生活水平，维系社会稳定和改善生态环境等问题具有非常重要的作用。

2.2 墨累 – 达令河流域水资源规划的重大格局

墨累 – 达令河流域管理局编制流域规划的目的是提供一个综合的、可持续的全流域水资源管理战略计划，制定的流域规划不是一次性规划，而是一个动态规划，未来将根据实际执行的情况进行周期性的回顾、评价、修订。本书基于墨累 – 达令河流域 2012 年 11 月公布于官方网站上的流域规划资料，分析墨累 – 达令河流域水资源规划的重大格局。

墨累 – 达令河流域规划从墨累 – 达令河流域整体和分项目标两个层次提出了规划目标和目的，基于各项目标，墨累 – 达令河流域规划包括了可持续分水限制规划、可持续分水限制调整、环境用水规划、水质与盐度规划、水权交易规划、监管和评估。

2.2.1 水资源规划提出流域战略性目标

（1）流域整体的规划目标和目的

1）基于墨累－达令河流域整体的规划目标。通过墨累－达令河流域水资源的综合管理，有利于建立相关的国际协议；基于墨累－达令河流域更广泛的自然资源管理需求，建立一个长期的、可持续的流域水资源适应性管理框架；优化社会、经济和环境用水各方利益；改善墨累－达令河流域供水安全。

2）墨累－达令河流域规划目的是形成健康、可持续的墨累－达令河流域，包括：①保证社区有足够且可靠的供水，可满足各种预期用水需求，如自身、娱乐、文化等用水；②满足具有生产性和一定弹性的赖水企业用水，确保社区用户对其长远未来用水满足有信心；③维持健康且有弹性的河流生态系统，确保与河流连通的冲积平原面积和河流入海水量。

（2）河流环境规划目标和目的

1）河流环境规划目标：①保护和恢复墨累－达令河流域与水密切相关的生态系统；②保护和恢复与水密切相关的生态系统功能；③确保与水密切相关的生态系统具备适应气候变化及其他风险和威胁的能力；④协调环境用水与水资源管理者计划的环境用水量、环境资产的所有者和管理者、环境用水持有者之间的关系。

2）河流环境规划主要致力于墨累－达令河流域与水密切相关的生态系统及其功能的恢复与保护，以加强墨累－达令河流域生态系统适应气候变化能力。

（3）水质与盐度规划目标

水质与盐度规划目标是考虑墨累－达令河流域环境、社会、文化和经济用水需求，保持适当的水质，包括盐度水平。

水质与盐度规划成果适用于墨累－达令河流域水资源规划。

（4）长期平均可持续的分水限制规划目标与目的

1）规划目标。长期平均可持续的分水限制规划目标是考虑社会经济影响，建立保证环境可持续发展的墨累－达令河流域地表水和地下水可消耗水量限制。具体目标有：①确定环境用水回用措施，包括提高用水效率的取用水基础设施；②提升用水户用水保证程度，包括干旱和水量偏低时的用水保证情况；③确定水权持有人、社区可转让和调整长期平均可持续分水限制的期限。

2）规划目的。恢复和保护墨累－达令河流域与水密切相关的生态系统及其功能；公开透明的水资源回用措施，包括取用水方式和基础设施，以确保墨累－达令河流域向长期平均可持续的分水限制管理过渡；提升墨累－达令河流域水资源供水保证程度；有利于墨累－达令河流域水权拥有者和社区用水户更好地适应可利用水量的减少。

（5）持续分水限制调整机制管理的规划目标与目的

可持续分水限制调整机制管理的规划目标是通过在一定程度上调整可持续分水限制，增加环境用水，同时保持或改善社会经济用水，目的是建立健康、可持续发展的墨累－达令河流域。

（6）水权交易规划目标与目的

1）规划目标。促进墨累－达令河流域内可进行水权交易的州内和州间高效、易操作的水权交易市场建立；最小化水市场中水权交易成本，包括良好的信息流动和兼容能力、注册及跨辖区监管的安排等；确保基于可全部或部分交易、可暂时或永久交易、可租赁安排或采用其他随着发展出现的方式进行交易所取得水权合适的混合水产品开发；明晰并保护环境用水需求；为第三方利益提供适当的保护。

2）规划目的。水权交易规划的目的是建立更高效方便的水交易市场，具体目的有：①提升水资源利用效率；②促进赖水企业生产能力的提升和自身的发展；③提升赖水企业在当前气候变化背景下遭遇极端事件时的管理能力，加强他们适应未来气候变化的能力。

2.2.2 可持续分水限制规划

2.2.2.1 基本情况

确保墨累－达令河流域社区需水、工业用水和环境用水之间的平衡是建立健康可持续流域的关键。墨累－达令河流域规划的核心是制定流域开发利用地表水与地下水的限制量，即 SDLs，反映了环境可持续用水水平。环境可持续用水水平（environmentally sustainable level of take，ESLT）在保证城镇生活用水、工业、农业和其他人类需求等消耗性用水时，也将确保维持健康河流和地下水系统的用水量。SDLs 将依据现有的技术和“预防原则”，从整体上限制地表和地下水资源开采量，也将限制墨累－达令河流域内个别地区和特定地区水资源规划范围内的水资源开采量。

目前，墨累－达令河正在实行的取水限制，即所谓的“the Cap”，指的是对墨累－达令河流域地表水的可开采量，它是在历史使用量基础上确定的。现有的取水限制并没有对墨累－达令河流域地下水开采进行限制，而地下水的消耗正呈现显著增长趋势。同时，地下水已在许多区域开始统一管理，墨累－达令河流域规划提供了一个与地表水一起、主动使用一致的标准管理所有地下水的机制，特别是在地下水和地表水关联度高的地区。与目前的“the Cap”相比，SDLs 是一个新的“Cap”，它对墨累－达令河流域内消耗性用水量进行管理，同时管理地下水开采，对地下水开采的管理也意味着第一次有全面的整个墨累－达令河流域地下水开采的限制，有利于促进墨累－达令河流域地表水地下水统一管理。此外，SDLs 也意味着更多的水资源将用于环境。返回到环境中的水资源将用于改善和维护墨累－达令河流域内的河流、湖泊、湿地和冲积平原的健康，以及依赖与墨累－达令河流域河流的动植物的重要栖息地。

SDLs 将于 2019 年开始实施，并纳入澳大利亚国家水资源规划中。付诸实施后，SDLs 能实现墨累－达令河流域环境的可持续发展，即在墨累－达令河流域内水资源可被开采，同时又不损害环境资源、生态系统功能。SDLs 将以一系列的环境评价为基础。墨累－达令河流域规划将允许 SDLs 在不同水平年对水资源量进行更改，因此某一年的 SDLs 受存储水平、预期入流量、地下水及补给水平、截流量等影响，同时气候变化和变异的影响也将予以考虑。

鉴于墨累－达令河流域环境的压力，流域尺度地表水与地下水的 SDLs 很可能被设定到低于目前的使用水平。澳大利亚政府正在解决 SDLs 造成可用水减少的影响，其中的方式之一是通过购买地表水权用于环境保护，这将帮助现有的用水户过渡到可持续的水资源利用阶段。此外，澳大利亚政府、墨累－达令河流域内各州政府、工业企业将投资大量资金，以改善墨累－达令河流域灌溉设施、提高水利用效率。联邦环境水持有人将管理由澳大利亚政府获得的通过直接购买和投资提高灌溉基础设施效率的水权。这意味着澳大利亚政府将继续支付相关费用以持有、使用这些权利。如果墨累－达令河流域规划确定水资源供应量减少，或在水分配可靠性发生改变时，那么联邦环境水持有人将被视为一般权利持有人。

2.2.2.2 可持续分水限制的确定

（1）地表水可持续分水限制

墨累－达令河流域每年有 32 500 GL 地表径流汇入。为了确定达到可持续发展的用水水平需要做哪些改变，MDBA 首先必须确定有多少水量是目前可以使用的，这也是分水限制的底限。分水底限考虑了 2009 年水平时墨累－达令河流域的所有汇入水量、被消耗的分水水量。MDBA 评估确定的墨累－达令河流域地表水分水底限是 13 623GL/a，其中也考虑了 2009 年以前恢复环境需要的 873 GL/a 水量。

由于需要考虑环境用水，MDBA 需要确定环境可持续水平，这需要墨累－达令河流域管理委员会在考虑当前与河流相关的环境和水文科学、社会经济知识和其他任何可能对河流流量有要求的系统基础上，充分协调平衡优化墨累－达令河流域社会、经济和环境目标。在确定环境用水对地表水需求时，MDBA 选择了一系列墨累－达令河流域内的水文指标站网，通过评估当地生态需求及下游维持生态健康的需求，从而确定环境需水量。在确定环境需水量和建立可持续分水限制过程中，MDBA 也考虑了河流基础设施，如大坝、堰等，还考虑了洪水可能给沿河城镇及其他方面带来的风险等。

基于以上研究，MDBA 确定了墨累－达令河流域范围的地表水可持续分水限制是 10 873 GL/a，其中流域北部是 3468 GL/a、流域南部是 7405 GL/a，较 2009 年分水底限 13 623 GL/a 减少了 2750 GL/a。

（2）地下水可持续分水限制

墨累－达令河流域拥有大量的地下水资源，但可开采或可使用的非常有限。MDBA 评估的墨累－达令河流域给地下水的补给量是 23 450 GL/a，可分配的底限是 2385 GL/a。

地下水可持续分水限制的确定是以环境可持续水平的评估为基础，并且考虑了开采地下水的各种风险，包括含水层产水能力随时间的变化、与地下水密切相关的生态系统、依靠地下水补给的地表水资源、地下水水质（盐度）等。此外，MDBA 还考虑了现今的规划安排、当前减少地下水资源开采的计划、地下水埋深和地下水资源是否得到补给等因素，采用地下水模型，对各种可能的风险进行了评估。

基于以上分析，MDBA 确定了墨累－达令河流域地下水可持续分水限制为 3334GL/a，较原来的地下水可分配底限 2385 GL/a 增加了 949GL/a。

2.2.3 环境用水规划——保护生态系统、维持环境资源

2.2.3.1 基本情况

墨累－达令河流域规划的核心内容是环境用水规划，以恢复、维持湿地和流域其他环境资源，保护流域的生物多样性。该规划将保障现有的环境用水，并协调全流域环境用水。

环境用水规划在墨累－达令河流域层次包括与水相关的生态系统保护目标、衡量保护目标进展情况的指标、环境用水的管理框架、确定关键环境用水需求的方法、确定环境水使用优先序的原则与方法等。

由澳大利亚政府持有的环境水权将被联邦环境水持有人管理。2007 年水法规定联邦环境水持有人是一个独立的个人。澳大利亚政府的环境水权持有量将通过市场购买及国家水计划、未来水计划项目节水中得到。这些水资源与墨累－达令河流域规划中的环境用水将用于保护和恢复环境，如湿地和溪流等。墨累－达令河流域环境用水规划至少每年要进行一次回顾性评价。

2.2.3.2 主要内容

（1）与水相关的生态系统保护目标

从建立健康可持续的墨累－达令河流域出发，规划确定了与水相关的生态系统保护目标，主要有：①保护和恢复墨累－达令河流域生态系统；②保护和恢复墨累－达令河流域生态系统功能；③确保与水相关的生态系统适应气候变化和其他风险或威胁。

（2）衡量保护目标进展情况的指标

规划中制定了从现状年至 2019 年 6 月 30 日的衡量指标和 2019 年 7 月 1 日后的衡量指标，即径流变化机制；河流与其冲积平原的水文连通性；河流、冲积平原、湿地的类型，以及其他优先使用环境用水的生态系统功能；水库库容状况和下游湖泊生态系统及墨累河口开放状况；当地植被条件、多样性和范围；外来人口和当地人口变化情况，与水密切相关的物种如植物、鸟类、鱼类等的情况。

（3）环境用水的管理框架

环境用水管理框架包括：对墨累－达令河流域进行长期及年度的环境用水协调，协调内容包括计划制定、配水优先级确定和水量分配；环境用水管理的原则；确保墨累－达令河流域管理委员会协调其他环境用水回用的机制。

（4）确定关键环境用水需求的方法

主要内容为：①建立墨累－达令河流域环境资产和生态系统功能数据资料库；②确认环境资产及其用水需求的方法；③确认生态系统功能及其需水的方法；④确定环境资产与生态系统的用水需求。

（5）确定环境水使用优先序的原则与方法

确定环境水使用优先序的原则：①与可持续环境发展原则和国际相关协议一致；②与规划目标保持一致；③具有一定的灵活性和响应能力；④与环境资产和生态系统状况相适

应；⑤充分考虑可能带来的影响及相关问题；⑥考虑可能存在的风险及相关问题；⑦切实可行、公开透明的决策。

2.2.4 水质与盐度管理规划——改善水质、减少盐度环境影响

水质和盐度管理规划是墨累－达令河流域总体规划的另一个重要组成部分，其目的是改善水质和减小流域盐度对环境的影响。规划确定了墨累－达令河流域水质差的主要因素，并为墨累－达令河流域水资源设定水质和盐度的保护目标。例如，将在河流特定地点、特定时间段内确定盐度水平。其他水质指标也将被以类似的方式在墨累－达令河流域规划中确定，如 pH、温度、溶解氧、浊度、输沙量、可溶性有机碳、重金属、各种营养素和蓝绿藻的水平等。水质和盐度管理计划确定的目标将每 5 年回顾评价一次。

2.2.5 水权交易规划——提升水权交易水平、提高水资源利用效率

墨累－达令河流域水权及其交易规划旨在提高墨累－达令河流域整体的水权交易水平，进一步提高水资源的利用效率。目前，水权及其交易的要求由州政府与基础设施运营商决定，同时也受墨累－达令河流域协议的影响。水权交易规则将处理的事项：消除水权交易障碍，确定水权交易的条件和程序、水行业管理方式，为水权交易提供信息等。这些规则将与州政府及其授权机构的政策、程序，以及灌溉和供水基础设施经营权的交易相互配合。

水权交易规则将由 MDBA 编写，并听取澳大利亚竞争与消费者委员会 (Australian Competition and Consumer Commission，ACCC) 的意见。利益相关者的磋商通过两个单独的程序进行：一是在被提交给 MDBA 前先由管理和消费者保护委员会协商；二是 MDBA 为墨累－达令河流域规划所规定的咨询程序，即开展利益相关者咨询。

除了水权交易规则，水法规定了其他两套规则，即水市场规则和水费规则，作为水权交易规则的补充。水市场规则和水费规则将由联邦部长制定，由消费者委员会提出建议并负责执行。消费者保护委员会在准备墨累－达令河流域规划中水权交易规则意见的同时独立地制定这些规则。水市场规则较水权交易规划具体，并涉及独立灌溉权获得与法定用水权的转变，这更容易被交易。水法还允许 MDBA 提供全流域水权信息服务，包含水资源获取、输水、灌溉的权利等。

2.2.6 监测与评估——保障规划的实施和执行

墨累－达令河流域规划的强制性内容中，包括必须制定一个监测和评估规划有效性的方案。该方案包括监测和评估的原则与框架，以及评价流域规划目的、目标和成果等。水法规定，该方案必须向联邦政府和墨累－达令河流域各州政府报告，必须 5 年进行一次水质、盐度目标、环境用水规划的审查等。监测和评估方案将建立评估流域规划各项内容有效性的框架，包括各州（地区）水资源规划的认证和实施、可持续引水限额的遵守情况及环境用水规划、水质与盐度管理规划目标和指标的完成情况。

评估包括生态系统评估、水资源对管理行动的反馈评估，还包括墨累－达令河流域规划和水资源规划实施情况的评估等。监测和评估结果将为墨累－达令河流域规划未来的适应性管理提供反馈，将指导未来科研的投资方向。国家水资源委员会至少每 5 年对墨累－达令河流域规划与各州水资源规划执行的有效性进行审核，独立审计的结果必须提供给联邦部长和墨累－达令河流域内各州的部长。

2.2.7 一体化的管理制度体系

流域尺度管理是墨累－达令河流域水管理的基本指导思想。在墨累－达令河流域管理过程中，各管理部门的设置形式、管理组织框架、管理政策的制定和实施等都在流域尺度上进行，都充分体现流域整体管理的目标。

（1）流域管理机构

该流域行动计划由政府、墨累－达令河流域内阁、社区顾问委员会、MDBA 办公室等多层次组织机构相互联系（图 2-1），共同完成。

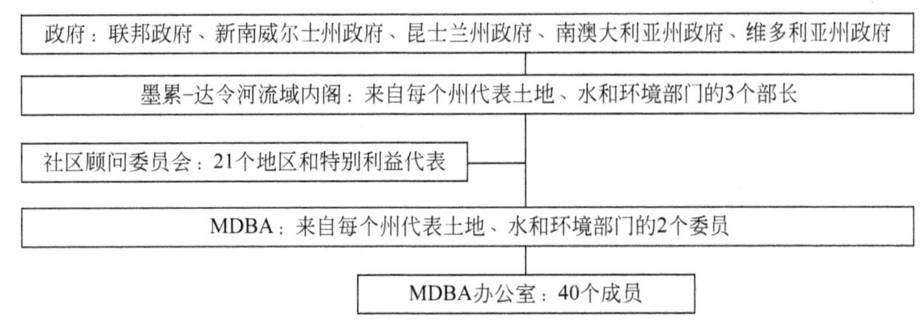

图 2-1 内阁及其相关团体的组织结构

1）政府。包括联邦政府、新南威尔士州政府、昆士兰政府、南澳大利亚州政府和维多利亚州政府。

2）墨累－达令河流域内阁。其作用是制定政策和确定墨累－达令河流域自然资源管理的总方向。

3）社区顾问委员会。其是墨累－达令河流域内阁组建的，代表着墨累－达令河流域各地区和特别利益团体，是关于加强社区参与的最重要的决策者之一。它扮演内阁的“发言台”角色，就墨累－达令河流域内社区对自然资源管理的观点提供独立的咨询，为墨累－达令河流域内阁与流域社区之间提供交流渠道。

4）MDBA。其是具有 20 多个工作组的广泛系统，它由管理和研究自然资源的专家组成，是各部门的领导和高级官员。它负责劝告墨累－达令河流域内阁以全流域观进行自然资源管理；为协调全流域政府和社区工作提供资助或框架；根据协议，平等有效地管理和分配墨累－达令河流域的水资源；为墨累－达令河流域内阁取得对墨累－达令河流域的水、土地和环境资源的持续利用提供建议，提供管理支持；指导各种自然资源战略；宣传墨累－达令河流域的重要性。MDBA 服务于墨累－达令河流域内阁，它的许多项目是通过其部门来管理，它鼓励各部门和 MDBA 办公室之间的合作。

5）MDBA 办公室。它由墨累－达令河流域区的管理、自然资源、财政和行政与通信的技术人员与资助者组成。MDBA 办公室与州、联邦的代理和墨累－达令河流域内阁的委员密切商讨，负责 4 个州政府之间的财政管理，为委员会和内阁提供秘书支持，为会议收集大量的线索作为背景。其工程师负责管理墨累－达令河流域系统的水资源（位于各个州的支流由各个州负责），其环境科学家和土地资源专家协调墨累－达令河流域内的土地与环境管理项目，其通信组制作材料，以引起公众对该流域及其资源管理的注意。

（2）流域尺度的管理

为应对干旱挑战，解决墨累－达令河流域水资源利用的诸多问题，墨累－达令河流域州际政府与联邦政府达成流域管理协议，以流域为单位进行管理。与澳大利亚的联邦、州和地方三级水管理体制相比，墨累－达令河流域地理和行政区域跨度大，各州间水资源利用的相关性导致水问题存在交互性，因此，管理过程中需要十分突出墨累－达令河流域各州间的协调配合，强调流域尺度的整体管理。

在流域整体管理的框架下，州际的流域管理协议是流域尺度水资源管理的重要制度保障和法律支撑。协议的制定和实施都充分体现流域尺度整体管理的思路。

1）协议的制定：强调流域整体的管理目标。出于流域整体利益的考虑，各项管理政策主要从整个流域自然资源保护的角度出发，保证各管理主体的协调配合，避免行政区划管理造成的部门分割、职责分割与地方保护现象的发生，从而减少因追求地区利益与发展所造成的资源破坏与浪费。

2）协议的执行：强调各州的协调配合。流域管理协议对参与协定的成员州都具有同样的约束力，州不能随意单方面修改或者撤销协定。在流域管理协议下进行整体流域尺度的管理，体现管理的整体性与一体化。

（3）流域协调机制

三层管理组织框架主要包括墨累－达令河流域部长理事会（Murray-Darling Basin Ministerial Council，MDBMC）、墨累－达令河流域委员会（Murray-Darling Basin Commission，MDBC）和公众咨询委员会（Community Advisory Council，CAC）。在联邦制度的框架内，协定自然成为分担义务、分享权利、协调行为的一种重要手段。三层之间协调配合，达到墨累－达令河流域管理的最优化，从而实现墨累－达令河流域整体管理的目标。如图 2-2 所示。

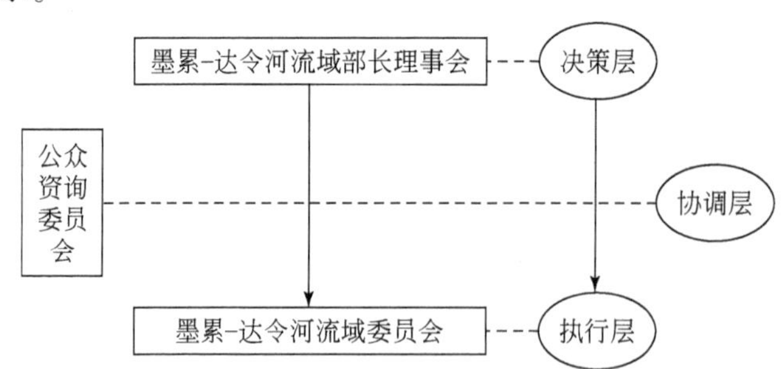

图 2-2　墨累－达令河流域三层管理组织框架

1）决策层：将整个流域作为一个整体，宏观调控，总体上进行各项制度和政策制定。

2）执行层：由非政府性的自治组织负责，实现政策执行的公正和透明。

3）协调层：广泛的公众参与，沟通管理的决策层和执行层，协调各主体之间的利益与责任。

在这三层中，协调层具有突出的作用。强调公众参与是管理组织框架的一大特点。公众咨询委员会是墨累－达令河部长理事会的咨询协调机构，从公众角度出发，就自然资源管理的重大议题向墨累－达令河流域部长理事会提出建议，为墨累－达令河流域部长理事会、墨累－达令河流域委员会与社会之间提供一个沟通的双向渠道。公众咨询委员会的设立：①将流域的水管理网络大大拓宽，提高了公众参与的尺度，为公众参与流域管理提供了法律依据，体现了流域管理的广泛代表性和参与性；②在专业技术支持下，公众能更自主的发挥自身作用，使决策制定过程更为透明，政策执行过程更为公正，也能达到更好的监督管理效果，对整个流域的规划与管理也起到了积极的推动作用；③参与过程不仅能提高公众的流域生态恢复与环境保护意识，也传播了相关知识理论与技术，减小新政策实施的阻力，有利于各项政策的宣传，促进公众对政府方针政策的理解与支持。

2.2.8 墨累－达令河流域水资源规划总结

2.2.8.1 规划的主要特点

（1）以水资源保护、河流生态保护与可持续利用为规划重点

墨累－达令河流域规划突出体现在水资源与河流生态的保护、管理与治理，确定地表水与地下水可开采的限额，设置全流域水环境与盐度治理的目标，制定环境用水规划和流域水资源交易制度，等等，确保流域水资源的可持续利用与河流生态的保护。这与墨累－达令河流域水资源开发利用程度较高、水资源供需矛盾尖锐、水生态环境恶化等问题是对应的。同时，也标志着河流的开发利用从单一目标向社会、经济和生态多目标，从短期向长期的、可持续发展目标，从商品价值目标向非商品价值目标的转变，这是当前国际上河流整体开发与管理理念的体现。

（2）注重规划的监测与评估

规划实施效果是评判规划成败的唯一标准，墨累－达令河流域规划的监测与评估是流域规划的强制性内容。总规划中各个专项规划必须制定监测与评估方案，以监督规划的实施进展、判断规划目标有效性，以及评估规划实施后的效果。

（3）科学性与灵活性并重

一方面，墨累－达令河流域规划集中了水文水资源、水生态、水环境、社会经济等各领域的专家知识，为规划编制提供科学依据，同时确定墨累－达令河流域内的风险状况和水资源持续可用性，并为应对这些风险制定策略。这些风险包括由取水用水、土地利用变化及知识欠缺产生的各种冲突，还将考虑气候变化等长期的风险与变化等。另一方面，墨累－达令河流域规划也体现出了科学基础上相当的灵活性，墨累－达令河流域规划不是一次性规划，未来将根据实际执行的情况及不断变化的信息进行周期性地回顾评价、修订。

墨累－达令河流域管理局必须在墨累－达令河流域规划实施后第一个5年尽快报告规划的影响，必须至少每10年回顾评估规划。

（4）广泛的参与性

公众、社会团体参与是规划的另一个显著特点，利益相关者的投入将是对墨累－达令河流域规划的重要贡献。在规划的制定过程中，MDBA将与非政府利益相关者，如居民、社区和企业，通过灌溉小组委员会、环境小组委员会和土著小组委员会等进行交流。MDBA还将与墨累－达令河流域各州及其代理机构流域官员委员会、重点保护区和工业机构等密切合作。

规划的参与性体现在规划的全过程，在启动阶段，规划编制单位将对规划编制中的关键组成、时间表与综合方法等进行说明，为利益相关者提供详细了解规划的机会，并听取其意见或评论。在认识与准备阶段，MDBA将开展一系列的宣传，以促进对墨累－达令河流域规划的理解和投入。一系列的情况说明书、意见书、焦点问题文件，将发放给政府、环境保护组织、企业和土著群体等。在咨询和完善阶段，墨累－达令河流域规划将被公布在MDBA网站上，并将配以通俗易懂的摘要，使利益相关者和墨累－达令河流域居民能为规划献计献策。

（5）较强的可操作性

制定SDLs是本次流域规划的核心，它充分体现了规划以河流生态与环境保护为主的理念。SDLs将从整体上限制整个流域地表水和地下水资源开采量，为了减轻限水的影响，目前消耗的水资源量、额外的用水，可提供到SDLs生效5年后，即实施“暂时的分水条款”，该条款给SDLs的实施提供了缓冲时间，也增强了规划的可操作性。

2.2.8.2 规划总结

墨累－达令河流域的水资源规划以澳大利亚《2007年水法》为基础，严格按照水法对水资源规划提出的要求进行编制。规划以满足环境水资源要求、协调环境和社会经济要求、进行现有的最好的科学知识与社会经济分析、满足可持续生态发展原则等为目标，进行了可持续发展的分水配额、水资源交易法规法则、环境用水规划、水质及盐度管理规划等内容的编制，同时建立了完善的监测和评估体系，确保规划的执行和落实。水资源规划同时明确了流域未配置水量的配置条件，具体规定未来可以配置的实际水量（如年均水量）；也可以不明确未配置水量，但可以依据环境流量目标和水配置安全目标进行确定。另外，水资源规划还可以规定未配置水量用于特殊用途和行业。例如，规划可以预留水量用于城镇供水或者为了其他具体用途，也可以确定为一般的水量配置或为未来的需求预留。未配置水量的授予程序在资源运行规划中规定。

2.3 流域水资源规划比较与借鉴

通过分析黄河流域与墨累－达令河流域规划在解决重大问题的成果，对比剖析流域规划相互借鉴，提出完善流域综合规划的建议。

2.3.1 科学认识变化环境对流域水资源情势的影响

水资源量是流域规划和管理的重要基础，在全球气候变化和强烈人类活动作用的环境下，水循环系统已经由原来的“自然”一元演化模式转变为“自然－人工”二元演化模式。原有的评价理论和方法已经不能科学反映水循环的模式变化，也不能精确评价水资源量及其变化趋势。

《规划》根据“自然－人工”二元水循环理论，采用实测—还原—建模、结合一致性处理的方法，利用分离、耦合的技术手段，建立流域分布式水文模型，分离出人类活动对水资源量的影响，动态评价了黄河流域水资源量及其演变的态势，科学分析了不同水平年水资源条件，为黄河流域水资源开发利用提供了重要的科学依据。

在墨累－达令河流域，针对其流域水资源情势的变化，20 世纪末由澳大利亚新南威尔士州和昆士兰州联合开发了水质水量综合模拟模型（integrated quality and quantity model，IQQM），开展变化环境下水质水量的评价。IQQM 是通过大量相互关联单元与流域，描述流域用地变化、水文特性和地形特征的高分辨率模型，IQQM 提供了一套流域化描述工具，并且在数字高程模型的基础上建立河网图层和流域图层，同时开展水质水量的评价。基于 IQQM，墨累－达令河流域系统地开展了流域水质、水量的动态评价。

随着流域经济社会发展、水资源开发利用加强，下垫面不断变化，流域的水质与水量都发生显著变化，一元、静态的水资源评价不能满足水资源利用与保护的需求，水质水量同步评价可全面评价人类活动及气候变化对流域水资源量与质的影响，动态分析水质水量的演变情势。黄河流域分布式水文模型的建立对科学评价水资源情势发挥了重要作用，但该模型缺少变化环境下黄河流域水质的全面分析功能不能为水资源保护有效提供支撑。在水质水量动态、综合评价方面，黄河水资源评价方面可借鉴墨累－达令河流域 IQQM 经验，开发使用于黄河流域的水质水量一体化评价模型系统。

2.3.2 合理界定河流生态环境水量

环境流量的界定是流域水量分配的基础。流域水资源不仅具有经济社会功能，而且具有生态服务功能，在总量一定的条件下，二者通常是竞争关系，因此合理界定河流生态环境需水量及流域消耗性水量，划定流域水资源开发利用的阈值，对流域可持续发展和河流健康具有重要意义。

结合黄河流域的实际，根据《规划》，黄河河道内生态需水包括输沙水量、维持中水河槽水量和生态基流，选定合理的需水预测方法，分别提出了黄河干流和主要支流 15 个断面的生态环境需水量。黄河多年平均河流生态环境需水量为 200 亿 ~ 220 亿 m^3。

墨累－达令河流域规划以水资源保护、河流生态保护与可持续利用为规划重点，突出体现在水资源与河流生态的保护、管理与治理，设置全流域水环境与盐度治理的目标等，确定地表水可持续的分水限制与地下水可开采的限额，从整体上限制地表和地下水资源开采量，确保其流域水资源的可持续利用与河流生态的保护。

墨累－达令河流域规划提出的SDLs以环境评价和生态环境需水分析为基础，考虑不同水平年气候变化和变异对水资源量影响，结合存储水平、预期入流量、地下水及补给水平、截流量等因素，提出长期的、动态的水资源可持续利用的限额，水资源可利用量的评估方法值得借鉴。

墨累－达令河流域在环境流量的界定上不仅重视河道内生态环境用水的总量，更加重视河道内流量的过程；不仅重视平均流量，更加重视流量的变化；不仅重视中水流量，更加重视枯水和丰水流量；不仅关注河口的水量，还关注具体的各个关键站点的水量。同时，河道内生态环境用水采用统计和观测的方法确定，建立了关键生态环境用水对象的需水过程。因此，在河流生态环境需水量界定上，黄河流域可借鉴墨累－达令河流域环境流量分析方法，研究确定能更好维持黄河健康生命的环境流量。

2.3.3 建立与流域水资源承载力相适应的开发利用格局

经济社会的发展要与水资源的承载能力相适应，城市发展、生产力布局、产业结构调整及生态环境建设都要充分考虑水资源条件。

黄河流域水资源规划按照科学发展观要求，以水资源合理配置为中心，以水资源高效利用为重点，提出黄河流域水资源以水资源统一管理为保障，建立“资源节约、环境友好型”社会的必然要求。规划预测了黄河流域未来经济发展格局及水资源利用模式，到2030年黄河流域经济年度增长为7.4%，采取强化节水模式条件下，2030年水平黄河流域多年平均河道外“三生”（生活、生产和生态）需水量为547.33亿m^3，较基准年增加了61.54亿m^3。用水结构发生了较大变化，生活需水量、城镇生产需水量（工业、建筑业和第三产业）和河道外生态环境需水量分别占总需水量的比重持续上升，农村生产需水量（农田、林牧、渔和牲畜）占总需水量的比例逐渐下降。

墨累－达令河流域规划以水资源保护、河流生态保护与可持续利用为重点，依据现有的技术和预防原则，提出旨在从整体上限制地表水资源利用和地下水资源开采量的水资源利用模式。

从水资源规划对流域经济社会规模、结构、布局的宏观指导作用来看，黄河流域水资源规划以水资源可利用量为约束，明确提出黄河流域到2030年的经济社会发展、产业结构布局的总体部署，并按照水资源合理开发和高效利用的要求提出了水资源优化利用的模式。由于管理方式的差异，墨累－达令河流域规划未提出对流域经济社会发展和水资源开发利用的宏观方案，因此在对流域发展和水资源利用的宏观指导方面的作用要略弱于黄河流域水资源规划。从加强流域水资源开发对经济社会的引导方面，墨累－达令河流域可借鉴黄河流域对经济社会宏观布局的规划，强化政府在河流开发宏观布局中的作用。

2.3.4 制定一体化的配置与管理框架

河流的开发利用从单一目标向社会、经济和生态多目标，从短期向长期的、可持续发展目标，从商品价值目标向非商品价值目标的转变，这是当前国际上河流整体开发与管理理念的体现，这也客观要求流域规划在水资源配置与管理层面要制定一体化的方案，注重多目标协调、细化控制指标、侧重过程管理。

黄河流域水资源规划根据黄河水少沙多的特点、水资源条件变化和现有黄河可供水量分配方案的实际，统筹考虑维持黄河健康生命和以水资源的可持续利用支撑经济社会可持续发展的综合需求，提出了黄河水资源合理配置方案，包括：①省区用水总量控制、定额管理；②省区地表水、地下水取水总量控制；③省区用水过程控制，细化非汛期月旬取水量分配制度；④省区污染物排放及入河量排放方案。在分析黄河水资源管理与调度、黄河水资源管理体制与法律法规现状及存在问题的基础上，从宏观管理、水资源配置、水资源节约与保护、水量调度管理四个方面初步形成了黄河水资源一体化管理框架。

墨累－达令河流域规划在配置层面，制定了可持续的分水限制（SDL），并对地表水、地下水的开采限制细化到了各个子流域、行政区，为取水管理提供重要依据。在流域综合管理方面，墨累－达令河流域规划制定了一体化的管理制度体系，完善流域管理议事机构，明确提出了管理部门的设置形式、管理组织框架、管理政策的制定和实施等，为充分实现流域一体化综合管理的目标设置了制度和机构框架。

黄河流域与墨累－达令河流域突出的水资源问题为水资源短缺、供需矛盾尖锐，实行一体化管理是缓解流域水问题的有效途径。水资源一体化管理应深入包括：地表水与地下水统一配置、支流与干流的统一管理、水质与水量一体化的控制，加强用水与供水综合管理、总量管理与过程控制等方面。在流域一体化管理方面，墨累－达令河流域行在世界前列，在规划层面也作为重要内容，从制度建设、机构、协调、议事、执行等方面详细进行了规划完善，为保证流域管理顺利实施提供依据。黄河流域当前一体化管理制度尚不完善、缺乏行政区协调议事机构策划，各行政区强调水资源对经济社会发展的保障，流域需要统一的保护，因此存在矛盾和冲突，可通过流域规划对比借鉴，建立使用于黄河流域一体化的配置与管理框架体系。

2.3.5 加强与其他自然资源管理规划的互动协调

水资源作为流域经济发展的资源环境基础，对经济发展具有明显的制约作用。变化环境下，流域水资源短缺、供需矛盾更加突出，流域资源开发、经济社会发展和人民生活水平提高与水资源承载能力之间的矛盾更加尖锐。如何协调水资源开发利用与经济社会发展的关系这一问题将影响流域水资源规划的总体目标。

黄河流域水资源规划作为一个流域性的综合规划，规划内容涉及经济社会发展指标、水资源调配的工程规划、水资源配置方案及水资源管理的政策机制等领域。其中，经济社会发展指标是水资源配置和调配工程规划的重要依据和基础，规划的指标协调了土地利用规划、煤炭等矿产资源规划，城镇总体规划、农田发展规划等专业规划。

墨累－达令河流域从流域综合管理层面制定自然资源管理战略，墨累－达令河流域规划要求水、土壤、森林等要素都一起被考虑进去，要求各政府组织协作工作而不冲突。规划囊括了土地、水和其他环境资源在内的自然系统改善措施的行动计划，旨在改善水环境，增加河流流量，革新水资源和植物资源的管理和利用方式，协调解决盐碱化和河流中蓝藻暴发等问题。从水资源开发角度，规划以墨累－达令河流域整体生态环境可持续发展为原则，提出地表水和地下水量开采使用的分水限制。

然而由于缺乏互动协调机制，通常情况下，黄河水资源规划仅参考各项规划的数据，缺乏有效的沟通、联络乃至互动性的协调。需要建立一个更加统一的方法，从而可以确定可持续利用的限度，并制定黄河流域发展目标。完善黄河流域需要以可持续利用的规划理念为指导，按照互动、协调、反馈、平衡的原则，根据水资源承载能力，协调黄河流域生产生活各项经济要素的相互关系，使有限的水资源创造最佳的经济与社会效益，通过水资源工程建设与经济社会发展格局的相互适应，最终实现黄河流域水资源可持续利用支撑经济社会健康发展的目标。

2.3.6 借助先进的科学分析工具

流域是具有层次结构和整体功能的复合巨系统，由社会经济系统、生态环境系统和水资源系统组成，水资源综合规划的本质是按照自然规律和经济规律，对流域水循环及其影响水循环的自然与社会诸因素进行多维整体调控，借助于先进决策理论和计算机技术建立科学的分析工具是提高规划科学水平的重要手段。

黄河水资源综合规划以黄河流域经济模型为基础，通过建立黄河流域层面的水资源经济系统的优化，解决了三个层次问题：①在区域发展层次，保持人与自然的和谐关系，不断调整发展进程中的人－地关系和人－水关系，兼顾除害与兴利、当前与长远、局部与全局，在社会经济发展与生态环境保护两类目标间进行权衡，提高黄河流域水循环的有效部分和可控部分，进行社会经济用水与生态环境用水的合理分配。②在经济层次，对水资源需求侧与供给侧同时调控，使社会经济发展与资源环境的承载能力相互适应。在需求侧进行生产力布局调整、产业结构调整、水价格调整、分行业节水等措施，抑制需求过度增长并提高水资源利用效率；在供给侧统筹安排降水和海水直接利用、洪水和污水资源化、地表水和地下水联合利用，增加水资源对区域发展的综合保障功能。③在工程建设与调度管理层次，调动各种手段改善水资源的时空分布和水环境质量以满足发展需求；对水资源开发利用中存在的市场失效现象与外部性不经济性，通过水资源统一管理和总量控制使各种不经济性内部化。在发展进程中力求开发与保护、节流与开源、污染与治理、需要与可能之间实现动态平衡，寻求经济合理、技术可行、环境无害的开发、利用、保护与管理方式。

墨累－达令河流域规划以 IQQM 为基本分析工具，通过模拟干预该流域水资源的天然时空分配，统一调配其流域各种水资源，以合理的费用保质保量地适时满足不同用户用水需求，充分发挥该流域水资源的社会功能和生态环境功能，促进该流域及区域经济的持续稳定发展和生态系统的健康稳定。

黄河流域与墨累－达令河流域水资源规划在水资源评价、供需分析与配置等方面均开展了大量研究，形成了一些高新的分析工具，在一定程度上提高了规划科技水平。由于水资源同时具有自然属性、社会属性、经济属性和生态属性，其合理配置问题涉及国家与地方等多个决策层次，部门与地区等多个决策主体，近期与远期等多个决策时段，社会、经济、环境等多个决策目标，以及水文、生态、工程、环境、市场、资金等多类风险，是一个高度复杂的多阶段、多层次、多目标、多决策主体的风险决策问题。因此，还需要对水资源合理配置的决策方法进行创新，深入研究黄河与墨累－达令河流域水问题特点，研究建立相应的多层次、多目标、群决策求解方法，拓展水资源合理配置理论与方法的发展空间，为流域水资源系统优化的定量研究提供工具平台。

第 3 章　以水权为基础的流域水量分配与交易制度研究

3.1　黄河流域水量调度与水权建设

3.1.1　黄河流域初始水权建设

水权管理的前提和基础是明晰初始水权，初始水权明晰的基础是开展流域和行政区域水量分配工作。初始水权的建设包括三个方面的工作：一是流域水量分配；二是依据流域水量分配方案，开展省区内部水量分配工作；三是依据水量分配方案，在总量控制的前提下，明确取用水户的初始水权。目前，黄河流域在这个三个方面的工作均取得显著进展，初步形成了流域水权分配和管理体系框架，对全国水权体系的建设具有一定的借鉴意义。

1）流域水量分配方面，1987 年国务院批准了南水北调工程生效前正常年份黄河可供水量分配方案即“87 分水方案”，将 370 亿 m^3 的黄河可供水量分配到引黄各省区。1998 年，经国务院批准，国家计划委员会和水利部颁布实施了《黄河可供水量年度分配及干流水量调度方案》，对黄河可供水量分配方案进行了细化。这是流域水权管理的基础。

2）省区内部水量分配方面，根据“87 分水方案”，宁夏回族自治区、内蒙古自治区结合黄河水权转换试点工作，开展了自治区内部黄河水量分配，在征求黄委意见后，已由自治区政府颁布实施。

3）取用水户初始水权登记和审批方面，根据《中华人民共和国水法》和水利部的授权，黄委和引黄省区各级水行政主管部门按照管理权限对辖区内直接从黄河干支流或地下水取水的，实行取水许可制度。用水户通过向黄委或地方水行政主管部门提出申请，并缴纳水资源费后，取得取水权。并由黄委按照国务院批准的黄河可供水量分配方案，对引黄各省区的黄河取水实行总量控制。

3.1.1.1　流域水量分配和管理

黄河流经我国干旱与半干旱的西北、华北地区，是这一地区的主要供水水源，对黄河流域及相关地区国民经济的可持续发展起着极其重要的支撑作用。中华人民共和国成立后，黄河流域及相关地区国民经济得到快速发展，对黄河水资源的需求不断增加，水资源分配问题日益得到有关方面的高度重视。1954 年，在编制黄河流域规划时，首次对黄河流域各省区引黄需水量进行了预估。此后，在规划实施过程中，有关省区经过协商，对用水比较集中的部分河段，曾制定了引水分配比例。上游段宁夏、内蒙古两自治区引水比例自1961 年以来一直沿用 4 ：6，这一分水原则维持到 20 世纪 90 年代末黄委对全河水量实施统一调度。

进入 20 世纪 70 年代，随着黄河流域内国民经济的发展和城乡人口的增长，黄河流域水量需求持续增加，黄河水资源供需矛盾日益尖锐。沿黄各省区对水资源的需求已经超过当地水资源的实际承受能力，直接危及沿黄地区工农业的发展和人民生活用水，有的本来是为农业服务的水源工程，正在逐步转向或者已经转向为城市供水。面对这一新的情况和问题，重新分配全河水量就被提上议事日程。

由于黄河是多泥沙河流，下游又是地上悬河，为了黄河治理和防洪的需要，必须留有一定的输沙入海水量。据有关部门多次测算，为了保证河道淤积量每年不大于 4 亿 t，至少需要冲沙水量为 200 亿 ~ 240 亿 m^3（这一部分水量主要是汛期洪水，大部分无法利用）。因此，黄河多年平均天然河川径流总量为 580 亿 m^3 中，扣除 210 亿 m^3 的低限冲沙水量后，黄河最大可供分配水量为 370 亿 m^3。1983 年，沿黄各省区向黄委提出 2000 年水平的需水量，总计需水为 747 亿 m^3，超出黄河当时可供分配水量的一倍以上。1984 年，黄委开展了《黄河水资源开发利用预测》研究，在对干支流和不同河段进行需水预测的基础上，提出了各省区水量分配方案。1984 年 8 月，在全国计划会议上，国家计划委员会会同黄河水量分配关系密切的省区计划委员会和国务院有关部门，就原水利电力部根据上述研究成果报送的《黄河河川径流量的预测和分配的初步意见》进行了座谈讨论。1987 年，国务院原则同意并以国办发〔1987〕61 号文转发了《国家计划委员会、水利部关于黄河可供水量分配方案的报告》（表 3-1）。该方案已考虑了黄河最大可能的供水量，分配给各省区的耗水量是正常来水年份最大耗用水量（不回归河道的水量），包括耗用黄河干流及其支流的水量。作为上述方案编制过程中的技术支撑，有关业务部门进行了大量细致的分河段水量平衡演算，预测了干、支流和不同部门的用水需求，提出干、支流和不同部门配水指标（表 3-2 和表 3-3）。

表 3-1　南水北调工程生效前黄河可供水量分配方案　（单位：亿 m^3）

项目	青海	四川	甘肃	宁夏	内蒙古	陕西	山西	河南	山东	河北 + 天津	合计
年耗水量	14.1	0.4	30.4	40.0	58.6	38.0	43.1	55.4	70.0	20.0	370.0

表 3-2　引黄各省区干支流配水指标　（单位：亿 m^3）

项目	青海	四川	甘肃	宁夏	内蒙古	陕西	山西	河南	山东	河北 + 天津	合计
干流	7.49	0	14.95	36.02	55.59	9.06	27.83	35.67	65.03	20.0	271.34
支流	6.61	0.40	15.45	3.98	3.31	28.94	15.27	19.73	4.97	0	98.66
合计	14.1	0.4	30.4	40.0	58.6	38.0	43.1	55.4	70.0	20.0	370.00

表 3-3 黄河流域不同河段工农业及生活需耗水量

断面	农业		城市生活、工业需耗水量（亿 m^3）	合计需耗水量（亿 m^3）	备注
	有效灌溉面积（万亩）	需耗水量（亿 m^3）			
兰州以上	454	22.9	5.8	28.7	供水保证率：农业为 75%，工业、城市生活用水为 95%
河口镇以上	1951	118.8	8.3	127.1	
三门峡以上	3523	189.5	32.9	222.4	
花园口以上	4051	210.7	37.9	248.6	
利津以上	5551	291.6	78.4	370.0	

该水量分配方案与 1954 年的水量分配方案相比，黄河水资源配置的指导思想发生了根本转变。分配方案在考虑黄河水资源承载能力的基础上，兼顾了国民经济用水和河道输沙等生态环境用水需求，体现了经济社会可持续发展与水资源可持续利用相协调的理念。

（1）“87 分水方案”的特点

1）该方案考虑了黄河最大可能的供水能力，但仍难以满足各省区的用水需求。方案编制过程中已考虑了大中型水利枢纽兴建的可能性及其调节作用，分河段进行了水量平衡，提出的 370 亿 m^3 的可供水量，达到了正常来水年份黄河最大可能的供水能力。其间黄河流域及相邻省区预测提出 1990 年的工农业需用黄河河川径流量为 466 亿 m^3，2000 年为 747 亿 m^3，已超过黄河流域自身的河川径流总量，使水资源有限的黄河难以承受。

2）该方案预留了 210 亿 m^3 的河道输沙等生态环境水量。对减缓下游河道淤积、保持河道正常的排洪输沙能力及维持河道良性的水生态和水环境具有重要作用。

3）该分水方案分配各省区的水量指标，是指正常来水年份各省区可以获得的最大引黄耗水指标，该指标包含了干、支流在内的总的引黄耗水量。方案所称耗水量是指引黄取水量扣除回归黄河干、支流河道水量后剩余的那部分水量，即相对黄河而言实际损失而无法回归河流的水量。

（2）黄河流域水量分配的意义和作用

一是为黄河流域水权分配体系的建立奠定了基础，同时也为协调省区用水矛盾和对全河用水实施总量控制提供了依据。

二是推动并为后期实施的黄河流域水资源统一管理创造了有利条件，对合理布局水源工程，促进各省区计划用水和节约用水起到了重要作用。

三是黄河水量分配的组织、协调和审批模式，为其他跨省区河流进行水量分配提供了可以借鉴的经验。黄河水量分配方案由黄河流域管理机构承担方案的编制准备工作，省区政府及其有关部门参加，国务院有关业务部门负责征求相关方面意见并组织协调，最终由国务院批准，既体现了我国水资源国家所有这一基本原则，同时又兼顾了省区利益，发挥了黄河流域管理机构的组织协调作用。黄河水量分配的组织、协调和审批模式与 2002 年新修订的《中华人民共和国水法》是一致的。

四是首次使引黄各省区明确了自己引黄用水的权益，成为各省区制定国民经济发展计划的基本依据。

（3）“87 分水方案”的局限性

“87 分水方案”首次明确了引黄各省区的分水指标，但也存在一定的局限性，影响了分配方案的可操作性。

1）方案仅列出了正常来水年份各省区年分水额度，没有给出不同来水年份各省区的水量指标。

2）方案只有年分水总量指标，没有给出年内分配过程。

3）方案仅对黄河河川径流进行了水量分配，对地下水没有进行分配，不利于地下水开发利用的管理和控制。

以上局限性加上没有配套的监督管理办法，使“87 分水方案”长期难以落实，部分省区超指标用水现象严重，黄河河道内输沙等生态环境用水受到挤占，下游断流现象不但没有得到遏制，反而愈演愈烈。针对这些问题，自 1997 年开始，黄委开展了枯水年份黄河可供水量分配方案的编制，提出了“丰增枯减”的年度分水原则和年度分水方案的编制办法，并通过对不同年代各省区年内实际引黄过程的变化分析及其与设计引黄过程的对比研究，编制了正常来水年份黄河可供水量年内分配方案，并经国务院同意，1998 年由国家计划委员会、水利部以计地区〔1998〕2520 号《国家计委、水利部关于颁布实施〈黄河可供水量年度分配及干流水量调度方案〉和〈黄河水量调度管理办法〉的通知》颁布实施。

黄河水量调度实行年度水量调度计划与月、旬水量调度方案和实时调度指令相结合的调度方式。黄河水量调度年度为当年 7 月 1 日至次年 6 月 30 日。年度水量调度计划由黄委会商沿黄省区市人民政府水行政主管部门和河南黄河河务局、山东黄河河务局及水库管理单位制定，报国务院水行政主管部门批准并下达。经批准的年度水量调度计划是确定月、旬水量调度方案和年度黄河干、支流用水量控制指标的依据。

不同来水年份黄河水量分配计划，应当依据经批准的黄河水量分配方案和年度天然来水量预测、水库蓄变量等情况，考虑河东输沙用水要求，按照同比例丰增枯减、多年调节水库蓄丰补枯的原则，在综合平衡申报的年度用水计划建议和水库运行计划建议的基础上制定。

通过以上研究，明确了《黄河可供水量分配方案》的年内逐月份分配指标，解决了枯水年份及年内各月分水面临的问题，成为编制年度分水方案和干流水量调度预案的基本依据。但对于干、支流分水和地表水与地下水联合分配的问题仍有待研究。

（4）黄河可供水量分配方案的实施

黄河可供水量分配方案只是从宏观上明确了各省区可以使用的最大引黄耗水指标，由于引黄用水需求很大，如何将其加以落实则是黄河流域水资源权属管理的关键。

落实黄河可供水量分配方案涉及三个方面的问题：

一是将分配各省区的引黄耗水指标分配到省区内不同的行政区域。

二是将分配各省区引黄耗水指标进一步分配到各具体用水户，取水许可制度的实施已经实现了这一任务，并通过加强取水许可总量控制和监督管理，保护其他用水户的合法权益不受损害。

三是协调年度和年内不同时段河道内生态用水及不同省区、部门用水的权力，实现这一任务的主要措施是实时黄河年度水量分配和干流水量调度。黄委在1997年进行枯水年份水量分配研究过程中，就同步开展了《黄河水量调度管理办法》的制定，明确了水量调度的范围、任务、目标、调度权限等。实践证明，在自1999年开始实施黄河年度水量分配和干流水量调度以后，超计划用水和河道内生态用水被挤占的现象有了很大的改观，流域分水的落实有了保障。

3.1.1.2 省区内部水量分配

省区内部水量分配是黄河水权体系中的一个重要环节，与黄河流域水量分配一样，在省区内部同样需要明确不同行政区域引黄用水的权利和义务。

目前，黄河流域内的宁夏、内蒙古两自治区结合黄河水权转换试点工作，开展了自治区内部黄河水量分配，在征求黄委意见后，已由自治区政府颁布实施。内蒙古、宁夏两自治区位于黄河上游，引黄用水需求较大，引黄用水已经超过分水指标。为此，经黄委同意，2003年首先在内蒙古、宁夏两自治区开展了水权转换试点工作。在两自治区实施水权转换，首先遇到的一个问题是各行政区域有多少引黄用水指标，其中又有多少指标可以进行转换。黄委在推动水权转换的试点工作中，已经预见到解决这一问题的重要性，故在制定《黄河水权转换管理实施办法（试行）》中，明确提出了水权明晰的原则，并规定开展水权转换的省区要制定初始水权分配方案。两自治区在具体组织开展水权转换试点时，也认识到开展此项工作的重要性。鉴于部分省区引黄耗水量已经超过了分配指标，同时考虑到随着沿黄省区经济社会的发展，引黄用水需求会进一步提高，将会有更多省区面临引黄水量指标紧缺的局面。在此情况下，若黄河水资源总量不增加，实施水权转换则是解决新增用水需求的有效途径。同时，随着各省区剩余水量指标的减少，省区内部不同行政区域间、部门间争水矛盾也将更加突出。因此，进行省区内部不同行政区域之间的初始水权分配是十分迫切和必要的。

进行水量分配，关键是确定好分配原则。对此，水利部有关部门、黄委和宁夏、内蒙古两自治区水利厅进行了大量研究工作，基本取得共识，两自治区在水量分配时遵循了以下原则。

（1）生活用水需求优先的原则

以人为本，优先满足人类生活的基本用水需求。

（2）需求优先的原则

保障水资源可持续利用和生态环境良性维持，维系生态环境需水优先；尊重历史和客观现实，现状生产用水需求优先；遵循自然资源形成规律，相同产业布局与发展，水资源生成地需求优先；尊重价值规律，在同一行政区域内先进生产力发展的用水需求优先、高效益产业需水优先；维护粮食安全，农业基本灌溉需水优先。

（3）依法逐级确定原则

根据水资源国家所有的规定，按照同一分配与分级管理相结合，兼顾不同地区的各自特点和需求，由各级政府依法逐级确定。

（4）宏观指标与微观指标相结合原则

根据国务院分水指标，逐级进行分配，建立水资源宏观控制指标；根据自治区用水现状和经济社会发展水平，制定各行业和产品用水定额，促进节约用水，提高用水效率，并为合理制定分配方案提供依据。

内蒙古自治区根据以上分配原则将国务院黄河分水指标进一步细化分配到了市（地、盟）一级，提出细化的初始水权的分配方案，见表 3-4。

表 3-4 内蒙古自治区初始水权分配 （单位：亿 m^3）

项目	阿拉善盟	乌海市	巴彦淖尔市	鄂尔多斯市	包头市	呼和浩特市	合计
分水指标	0.5	0.5	40.0	7.0	5.5	5.1	58.6

注：各市（地、盟）包括当地支流水。

宁夏回族自治区根据自身排水多的特点提出了“实行引水量、耗水量、排水量三控制原则”。将各市干、支流水量指标分开进行了明确规定。宁夏回族自治区在将各水量指标明确到各市的同时，还明确规定了各市干、支流“三生”的分水额度；另外，对与引扬黄灌区不同来水情况下的取水和耗水指标也进行了明确规定，见表 3-5。

表 3-5 宁夏回族自治区黄河初始水权分配 （单位：亿 m^3）

系统	干流						支流				合计			
	生活	工业	农业 + 生态			小计	生活	工业	农业 + 生态	小计	生活	工业	农业 + 生态	小计
			引黄水量	扬黄水量	小计									
银川市	0.2		9.50	0.155	9.655	9.855					0.2		9.655	9.855
石嘴山市	0.15	0.35	3.79	0.315	4.105	4.605					0.15	0.35	4.105	4.605
吴忠市		0.362	5.60	3.034	8.634	8.996	0.075	0.06	0.35	0.485	0.075	0.422	8.984	9.481
中卫市			4.14	1.247	5.387	5.387	0.045	0.03	0.15	0.225	0.045	0.03	5.537	5.612
固原市				0.789	0.789	0.789	0.18	0.21	1.9	2.29	0.18	0.21	2.689	3.079
农垦系统			3.00	0.30	3.30	3.30							3.30	3.30
其他			0.73		0.73	0.73							0.73	0.73
全区合计	0.35	0.712	26.76	5.84	32.6	33.662	0.3	0.3	2.4	3	0.65	1.012	35	36.662

注：1. 表内分配耗水量为多年平均值；
2. 该表不包括引水口至田间的输水损失量约为 3.338 亿 m^3，分水量计入各级渠道。
3. 由于四舍五入的原因部分合计数量与分项总和稍有出入。

从宁夏、内蒙古两自治区对黄河初始水权的分配来看，宁夏回族自治区水量分配方案将黄河分水指标细化到地市，提出了分行业的水量指标，并将分水量详细到了黄河干支流，分水方案比较详细，可操作性也更强，便于调度管理和控制；而内蒙古自治区分水方案则相对比较宏观，在实际管理中需要进一步细化。

3.1.1.3 引黄取用水权的分配和管理

初始水权建设的第三个工作是依据水量分配方案，在总量控制的前提下，明确取水户的初始水权。目前，1993 年开始实行的取水许可制度是目前我国对水资源使用权实施管理的一项基本制度，1988 年出台的第一部《中华人民共和国水法》，首次明确规定了取水许可制度，1993 年国务院颁布了《取水许可制度实施办法》，规范了取水许可制度的实施，2002 年新修订的《中华人民共和国水法》进一步提升了取水许可制度的法律地位，将其作为水资源管理的基本法律制度。在总结取水许可制度实施经验的基础上，2006 年国务院颁布了《取水许可和水资源费征收管理条例》，取代了原《取水许可制度实施办法》，取水许可制度进一步完善。

根据《中华人民共和国水法》和水利部的授权，黄委和引黄各省区各级水行政主管部门按照管理权限对辖区内直接从黄河干支流或地下水取水的，实行取水许可制度。取水用户获得取水权必须具备两个条件：一是通过向黄委或地方水行政主管部门提出申请，经审查符合有关规定要求；二是缴纳水资源费。符合以上两个条件的，由取水许可证发证机关办法取水许可证，获得取水权，并接受发证机关或其委托机构的监督管理。

（1）黄河取水许可基本情况

按照流域统一管理与行政区管理相结合的原则，根据水利部授权，黄委对黄河头道拐以下干流取水（含在河道管理范围内取地下水）实施全额管理；对头道拐以上干流河段及重要跨省区支流的取水实行限额管理，管理限额为干流农业取水在 $15m^3/s$ 以上，工业与城镇生活日取水为 8 万 m^3 以上，跨省区支流农业取水在 $10m^3/s$ 以上，工业与城镇生活日取水为 5 万 m^3 以上（渭河日取水为 8 万 m^3 以上）。并按“87 分水方案”，对引黄各省区的黄河取水实行总量控制。

在以上范围之外的取水由地方水行政主管部门按照省区内部的管理授权，实行省、市、县三级管理，上级水行政主管部门负责对下级水行政主管部门实施取水许可管理情况进行监督管理。

（2）黄河取水许可实施情况

黄委开展取水许可工作比较早，为取得取水许可管理的经验，早在《取水许可制度实施办法》颁布前的 1992 年，黄委即与内蒙古自治区和包头市水利部门共同组合了包头市黄河取水许可试点工作，向 24 个取水户颁发了黄河取水许可证。国务院《取水许可制度实施办法》出台后，为配合水利部制定对流域管理机构取水许可管理授权文件，黄委开展了大规模的引黄取水工程调研工作。1994 年 5 月，水利部发布《关于授予黄河水利委员会取水许可管理权限的通知》（水利部水政资〔1994〕197 号）后，黄委全面启动取水许可制度。

1994 年，黄委制定了《黄河取水许可实施细则》，规范了黄河取水许可的申请、审批程序，明确了监督管理的主要内容，为取水许可的正式实施奠定了基础。随后对管理权限范围内的已建取水工程进行了登记和发证，这项工作于 1996 年上半年基本完成。至此，黄河流域正式确立了取水权分配和管理制度，结束了引黄用水无序的局面。此后，黄河取水许可工作的重点逐渐转向取水许可的监督管理和总量控制方面。按照总量控制的原则，黄委先后于 2000 年和 2005 年集中进行了两次换发证工作。

根据第二次换证情况，黄委共发放取水许可证371份，许可年取水总量为267.7024亿m^3（不含非消耗性发电过机水）。其中，地表水取水许可证 334 份，许可年取水总量为 267.0073 亿 m^3；地下水取水许可证 37 份，许可年取水总量为 0.6951 亿 m^3。

原《取水许可制度实施办法》对与水电站是否需要发放取水许可证缺乏明确规定，导致水电站是否需要纳入取水许可管理存在歧义。2006 年，《取水许可和水资源费征收管理条例》出台，黄委明确水力发电等河道内非消耗性用水作为取水许可管理的重点。目前，已对龙羊峡、李家峡、公伯峡、尼那、苏只、刘家峡、盐锅峡、八盘峡、大峡、小峡、青铜峡、沙坡头、万家寨、天桥、三门峡、故县 16 座水电站发放了取水许可证。

（3）黄河取水总量控制指标

黄河取水许可实行总量控制与定额管理相结合的制度。总量控制管理的目的是确保审批某一流域或行政区域内的总水量额度（指消耗性用水）不得超过该流域或行政区域可利用的水资源量。因此，实施总量控制首先需要明确总量控制的指标。

黄河取水总量控制的指标分为流域、省区内部和各用水户三个层次的总量控制。流域或省（市、区）行政区域总量控制指标通过流域或省（市、区）行政区域分水加以明确，而用水户总量控制指标通过技术论证和取水许可审批加以明确。对流域层面的总量控制，“87 分水方案”是黄河总量指控的依据，但由于该方案不够细化，需要进一步明确各省区黄河干流、支流总量控制指标及重要支流的总量控制指标，目前黄委已经开展了相关工作，重要支流水量分配工作也取得了相关成果。

值得注意的是，在黄河取水许可审批中，除批准取水量外，还明确了相当于回归水量的退水量和退水水质要求，即同时批准了取用水户的耗水量。故分配各省区的耗水指标可直接用于黄河取水许可总量控制管理中，控制批准某省区取水的总耗水量。也可将其换算成取水量，间接用于取水许可总量控制管理。但由于取、耗水关系随着用水结构的调整和节水措施的运用，处于不断变化中，需要定期核算取水总量指标。

此外，随着经济社会不断发展，气候、下垫面等不断变化，黄河水资源情势也发生改变，取水总量控制指标也应做出相应调整。根据《规划》成果，南水北调东中线工程生效后至南水北调西线一期工程生效前，2020 年水平黄河可供耗水量为 332.79 亿 m^3，折减系数为 0.933。因此，黄委在实施取水总量控制时，按此折减系数对各省区“87 分水方案”的分水指标进行同比例折减。

（4）黄河取水总量控制管理

为防止黄河取水许可审批的失控，黄委采取了一系列措施加强黄河取水总量控制管理。

1）加强了历史用水资料的统计、汇总和分析工作。1988 年，黄委正式编制《黄河用水公报》，1997 年改为《黄河水资源公报》，并建立了引黄用水资料的统计渠道，结合黄河分水特点制定公报、编制技术大纲。

2）制定《黄河取水许可总量控制管理办法》，提出了总量控制的原则和方法，规定了取水许可审批发证的统计制度，并严格了取水许可审批，规定：①无余留取水许可指标；②连续两年实际耗水超过年度分水指标；③超指标审批或越权审批、发证并不及时纠正；④省区未按规定报送黄河取水许可审批发证资料。以上 4 种情况下暂停受理、审批该省区新增取水申请。

通过对省区取水总量控制指标和已审批、许可总水量指标的重新核定和比较分析，宁夏、内蒙古、山东 3 省区已无黄河地表水剩余取水指标，河南省已无干流黄河地表水剩余指标，青海、甘肃两省实际引黄耗水已经超过年度分水指标。这 6 个省区将成为今后黄河取水许可总量控制的重点。

取水许可总量控制管理制度的实施，在一定程度上抑制了引黄用水需求的过度增长，促进了省区开展计划用水和节约用水工作。但管理过程中还存在一些需要尽快解决的问题。一是省区总量控制指标体系尚未建立，省区总量控制管理工作还十分薄弱；二是取水许可审批发证统计上报制度尚未建立，目前黄河流域机构对省区审批发证情况不完全掌握。

（5）开展建设项目水资源论证审查工作，提高取水权分配的科学性。

根据 2002 年国家发展计划委员会和水利部联合颁布实施的《建设项目水资源论证管理办法》的规定，黄委实施了建设项目水资源论证制度。根据该办法的授权，黄委负责水利部授权其审批取水许可（预）申请的建设项目及日取水量为 5 万 t 以下大型地下水集中供水水源地的建设项目水资源论证审查工作。

目前，黄委已对 38 个建设项目水资源论证报告书进行了审查，其中不少建设项目通过水资源论证报告书的审查，项目取用水更加合理，节水减污措施更加到位。水资源论证工作已经成为取水许可审批不可缺少的一个环节，为取水许可审批提供了坚实的技术支撑。

3.1.1.4 初始水权调整机制

国务院 2006 年 7 月颁布实施的《黄河水量调度条例》第九条规定：黄河水量分配方案需要调整的，应当由黄委会商 11 省区市人民政府提出方案，经国务院发展改革主管部门和国务院水行政主管部门审查，报国务院批准。这就表明，如果需要对“87 分水方案”进行调整，必须按照《黄河水量调度条例》第九条规定的程序进行调整。

3.1.2 水权转换实施和管理

水权转换是一种新型的水资源配置方法，是破解水资源制约当地经济社会发展瓶颈的新途径，它在调整水资源的供需矛盾、提高用水效率、促使水资源从低效益用途向高效益用途转移、增加水利投入等方面具有积极的意义，属于特定条件下水权的二次分配。

自 2002 年以来，黄委开始了水权转换制度的研究工作，制定了《黄河水权转换管理实施办法（试行）》和《黄河水权转换节水工程核验办法（试行）》。在 2003 年积极开展了水权转换试点工作，积累了一定的管理经验。

3.1.2.1 黄河水权转换制度的建立

制度建设的内容包括了以下几个方面。

（1）明确水权转换的范围

考虑黄河流域实际情况，水权转换暂限定在同一省区内部。目前，黄河流域正在推进跨区域水权转换试点工作。

（2）规定水权转换的前提条件

开展水权转换的省区应制定初始水权分配方案和水权转换总体规划，确保水权明晰和转换工作的有序开展。为规范省区水权转换总体规划的编制，便于对规划进行技术审查，规定了省区水权转换总体规划编制的内容，包括：①本省区引黄用水现状及用水合理性分析；②规划期主要行业用水定额；③本省区引黄用水节水潜力及可转换水量分析，可转换水量应控制在本省区引黄用水节水潜力范围之内；④应遵循黄河可供水量分配方案，现状引黄耗水量超过国务院分配指标的，应提出通过节水措施达到国务院分配指标的年限和逐年节水目标；⑤经批准的初始水权分配方案；⑥提出可转换水量的地区分布、受让水权建设项目的总体布局及分阶段实施安排意见；⑦明确近期水权转换的受让方和出让方及相应的转换水量；⑧水权转换的组织实施与监督管理。

（3）确定水权转换的原则

1）总量控制原则。黄河水权转换总的原则是不新增引黄用水指标，对各省区引黄规模控制的依据是国务院批准的《黄河可供水水量分配方案》，故黄河水权转换必须在国务院批准的《黄河可供水量分配方案》指标内进行。为给无余留水量指标的省区开展水权转换提供依据，规定凡无余留黄河水量指标的省区，新增引黄用水项目必须通过水权转换方式在分配给本省区水量指标内获得黄河取水权。这一原则规定，既为无余留水量指标的省区满足新增用水需求提供了解决途径及开展水权转换的基本依据，也确保了在开展水权转换情况下不致出现引黄规模失控的局面。

2）统一调度原则。水量调度是控制省区实际引黄用水量的重要手段，规定实施黄河水权转换的有关省区必须严格执行黄河水量调度指令，确保省际断面下泄流量和水量符合水量调度要求。水权转换双方应严格按照批准的年度计划用水。

3）水权明晰原则。水权转换是水权的二次分配，其基础是初始水权必须明晰。初始水权明晰的前期是地区间的水量分配，在此基础上将水权进一步分配到具体的取用水户，以确保出让水权一方必须是合法取得水权的取用水户，并且出让的水权必须在其分配的水权额度之内。为此，开展黄河水权转换，必须进行更为细化的水量分配。由于黄河流域水量分配方案已经颁布实施，明晰水权已经有了一个很好的基础，下一步的关键内容是开展省区内部的水量分配工作。水权明晰原则的基本内容：一是由于地区间的水量分配涉及各方的利益，政府及其主要部门必须在其中发挥宏观主导作用；二是在水量分配过程中，需兼顾现状已许可水权和未来发展用水需求，在进行水量分配时，如涉及对现状取用水户许可水权的调整，需通过水权转换的方式进行，并给予必要的补偿；三是按照《中华人民共和国水法》的规定，省区水量分配的基础是流域水量分配方案。

4）可持续利用原则。在水权转换中必须贯彻水资源可持续利用的原则。其内涵包括：一是水权转换要有利于水资源的合理配置，所谓的合理配置就是通过水权转换能够解决一次分配中存在的地区和行业的不均衡问题；二是水权转换要有利于水资源向高效益行业转移，提高单方水投入的产出；三是水权转换要有利于水权转换双方采取节约用水措施，提高水资源的利用效率；四是受让水权的项目必须是清洁生产和高效利用的项目，不会降低全流域水资源的利用效率，不会产生新的污染。可持续利用的原则概况为：黄河水权转换应有利于黄河水资源的合理配置、高效利用、有效保护和节水型社会建设。受让水权的建设项目应符合国家产业政策，采用先进的节水措施和工艺。

5）政府监管和市场调节相结合的原则。水权转换是在水权管理中引进了市场手段，但水市场不是一个完全意义上的市场，需要加强政府的监督。特别是在开展水权转换的初期，政府的引导作用非常重要，通过政府及其水行政主管部门的组织和协调，减少信息不畅带来的交易成本的提高，并减少市场风险、价格垄断和水权转换可能带来的负面效应。在黄河水权转换中政府监管和市场调节相结合的原则具体为：黄委和地方各级人民政府水行政主管部门应按照公开、公平、公正的原则加强黄河水权转换的监督管理，切实保障水权转换所涉及的第三方的合法权益，保护生态环境，充分发挥市场机制在资源配置中的作用，实行水权有偿转换，引导水资源向低耗水、低污染、高效益、高效率行业转换。

（4）界定出让主体及可转换的水量

一是从定性和定量两个层次来界定出让水权的主体。①定性界定。从理论上讲，只要用水户具有初始水权，取得地方水行政主管部门或者流域管理机构颁发的取水许可证，并按照有关规定及时足额缴纳水资源费，那么，该用水户就有取水权，它就可以出让自己的水权，就构成了出让水权的主体。按照该规定，在农业用水向工业用水转换的过程中，灌区用水管理单位已经按照《中华人民共和国水法》的规定，依法取得水权，那么灌区水管理单位应为出让水权的主体。事实上在农业用水向工业用水转换的过程中，灌区水管理单位并不是水权的使用者，仅是众多农民用水户水权的集中代表，农民应为出让水权间接主体。《黄河水权转换管理实施办法》规定，可转换水量是指灌区干、支、斗渠等渠系工程节水量，从而解决了农业用水向工业用水转换过程中，水权出让主体和间接主体的问题，进一步确立了灌区水管理单位的主体地位。②定量界定。取得了取水权的用水户，不一定都可以出让自己的水权，只有那些通过改革用水工艺或者建设节水工程，把自己的实际用水量减少到小于批准的取水权数量以内的用水户，才可以对外出让自己的水权。一般来说，一个用水户的实际用水量超过批准的取水许可水量时，便失去出让水权的主体资格。一个省、自治区的实际用水量超过了本省、自治区的用水指标，同样也失去了向其他行政区域出让水权的主体资格。生活用水和生态环境用水是人类基本的生存要求，涉及社会的和谐和稳定。随着人民生活水平的逐步提高和人口数量的增长，生活用水呈逐渐增加的取水，减少一部分生活用水量，将会影响到人民群众的正常生活用水。黄河流域本身水资源贫乏，加之生态环境脆弱，分配的生态环境用水水权都是低限用水量，属于保证生态环境不至于恶化的基本生态环境用水量，减少一部分生态环境用水量，势必会影响黄河河流生命健康或水权出让区域的生态环境。因此，取得生活用水和生态环境用水水权的用水户，不具备出让该部分水权的主体资格。只有用于工农业生产的那部分水权，才具有出让水权的主体资格。

二是可转换水权的定义。可转换水权对出让方和受让方的含义是不同的。对出让方来说，可转换水权就是通过采取节水措施，节约下来的可以转让给其他用水户的那部分水量。可转换水量应具备以下条件：①对目前已经超用黄河省际耗水水权指标的省区，节约水量不能全部用于水权转换，要考虑偿还超用的省际耗水水权指标；②节约的水量必须稳定可靠，能够满足水权转换期（一般小于 25 年）内，持续产生转换水量所必须的节水量的要求；③为确保居民用水安全、生态环境安全，生活用水和生态环境用水不得转让；④为保护农民的合法用水权益，任何形式违背农民意愿的水权用途转变均应受到严格禁止；⑤可转换水量确定应充分考虑水权出让区域的生态环境用水要求，避免因水权转换对水权出让区域的生态环境造成不利影响。现阶段为了保护农民的合法用水权，将可转换水量界定为灌区工程措施节水量。对受让方来说，与可转换水权对应的是受让方的需水量，即在建设项目水资源论证报告书中，经过论证并通过专家评估和水行政主管部门或者黄河流域管理机构审批的建设项目需水量。在水资源所有权属国家所有的背景下，受让方需转换水量需具备以下条件：①需转换的水量应符合国家的产业政策，符合省级以上发展和改革委员会的核准意见中的用水要求和用水总量控制意见；②需转换水量应符合节水减污的政策要求，禁止向高耗水、重污染行业转换水量；③水权转换必须在政府的宏观调控下进行，严禁企业以任何行为占有可转换水量，待价而沽。

（5）规定水权转换的期限与费用

1）水权转换的期限。目前，水权转换主要是通过对出让方进行节水工程改造，将节约的水量转让给受让方。因此，水权转换的期限应在综合考虑我国现行法律、法规的有关规定，节水主体工程使用年限和受让方主体工程更新改造的年限，以及黄河水市场和水资源配置的变化，兼顾供求双方利益的基础上来确定。在水资源所有权和使用权分离的情况下，应当遵循水资源有限期使用的原则，这对实行水资源有偿使用、建立和完善水市场具有重要的作用和意义。因此，在水权转换期限的制度设计和制度安排的过程中，应尽量避免因与既定制度的抵触而引起冲突，以最大限度地降低制度建设成本。《取水许可制度实施办法》和《取水许可申请审批程序规定》中规定：取水许可证的有效期限最长不超过 5 年。2006 年，颁布的《取水许可和水资源费征收管理条例》规定，取水许可证有效期限一般为 5 年，最长不超过 10 年。按照取水许可年限，水权交易合同一般只能签订 5 年，换取水许可证时再续订。《中华人民共和国土地管理法》规定“土地使用权的出让年限一般不超过 50 ~ 70 年”，按照此规定，根据水资源用途改变的需要，水权转换的期限最长亦不应超过这一最高期限的限制。因此，从我国现行的以上有关法律、法规考虑，确定水权转换期限的下限应为 5 年，上限应不超过 70 年，在此范围内根据水资源用途改变的需要，确定合理的水权转换期限，能够有效地降低制度成本。

现阶段，水权转换主要通过灌区节水改造，将灌区节约下来的水权转让给大型火力发电厂等，因此水权转换期限应当兼顾电厂主要设备的更新年限和灌区节水工程主体工程的使用年限。根据有关水利工程技术规范，灌区节水改造工程采用的混凝土预制铺砌和埋铺式膜料刚性保护层使用年限为 20 ～ 30 年；根据大型火力发电厂有关技术规范，电厂主要设备更新改造年限一般为 15 ～ 25 年。水权转换期限也要考虑到南水北调西线一期工程的建成生效对区域水资源配置产生的影响。

综合以上各种因素考虑，确定黄河水权转换期限不超过 25 年。这一水权转换期限，既兼顾了水权转换双方的利益，又考虑了黄河水市场和水资源配置的变化，是我国水权转换理论和实践的重大创新，同时也破解了困惑水权转换期限受取水许可证有效期限限制的难题。

2）水权转换的费用构成。水权转换的费用主要受自然因素、经济社会因素和工程因素的影响，这些影响因素直接或间接地影响着水资源的供求关系，决定着水权转换费用的高低和水权转换的价格。水权转换的费用可以从水资源的稀缺程度、经济社会发展水平、政策因素、体制因素、环境保护因素、工程状况因素、取水设施投资规模、投资结构和供水保证率及交易期限等，进行具体的量化分析。结合宁夏回族自治区、内蒙古自治区水权转换的实际情况，《黄河水权转换管理实施办法》提出“水权转换的费用应当包括水权转换成本和合理收益”，通过工程节水措施实施水权转换的，水权转换成本部分包括以下几个方面：一是节水工程建设费用，包括节水主体工程及配套工程、量水设施等新增费用。根据有关水利工程概算估算有关规定，该项费用一般包括建筑工程、机电设备及安装工程、金属结构设备及安装工程、临时工程、独立费用、基本预备费和环境保护工程投资。二是节水工程和量水设施的运行维护费用，其指以上新增工程的岁修及日常维护费用。三是节水工程的更新改造费用，即当节水工程的设计使用期限短于水权转换期限时所必须增加的费用。四是因提高供水保证率而增加耗水量的补偿。五是必要的经济利益补偿和生态补偿等。

以上水权转换费用构成的确定方法，直观地解决了困惑水权出让方和水权受让方的水权转换费用问题，并且具有便于水权转换费用测算等优点，提高了水权转换过程中水权转换费用测算的可操作性。

（6）建立水权转换的技术评估制度

进行水权转换必须进行可行性研究，编制水权转换可研报告和建设项目水资源论证报告书，并通过严格的技术审查，从技术上保证水权转换的可行性。技术审查包括受让水权的建设项目水资源论证报告书的技术审查和水权转让可行性研究报告的技术审查。

受让水权的建设项目水资源论证报告书的技术审查，其主要目的是分析项目用水的合理性及用水规模，作为许可水权的技术依据。受让水权的建设项目水资源论证报告书按水利部、原国家计划委员会《建设项目水资源论证管理办法》《建设项目水资源论证导则（试行）》和水利部《水文水资源调查评价资质和建设项目水资源论证资质管理办法（试行）》的要求开展编制工作。

水权转让可行性研究报告的技术审查，主要目的是确定受让水权项目的水源指标来源、需要出让方节余的水量、节水工程的建设规模及其是否能满足需要的节水量。水权转让可行性研究报告应包括：①水权转换的必要性和可行性。②受让方用水需求（含用水量、用水定额、水质要求和用水过程）及合理性分析。③出让方现状用水量、用水定额、用水合理性及节水潜力分析。④出让方为农业用水的，应提出灌区节水工程规划，分析节水量及可转换水量；出让方为工业用水的，应分析水平衡测试和工业用水重复利用率，提出节水减污技术改造措施和工艺，分析节水量及可转换水量。⑤转换期限及转换费用。⑥水权转换对第三方及周边水环境的影响与补偿措施。⑦用水管理与用水监测。⑧节水改造工程的建设与运行管理。⑨有关协议及承诺文件。

（7）明确水权转换的组织实施和监督管理职责

在组织实施和监督管理方面，规定了地方人民政府和省区水行政主管部门的职责。宁夏、内蒙古两自治区制定了相应的组织实施和监督管理办法。水权转换申请经审查批复后，省级人民政府水行政主管部门应组织水权转换双方正式签订水权转换协议，制定水权转换实施方案。水权转换申请由黄委审查批复的，省级人民政府水行政主管部门应将水权转换协议和水权转换实施方案报黄委备案。省级人民政府水行政主管部门负责水权转换节水工程的设计审查，组织或监督节水改造工程的招投标和建设，督促水权转换资金的到位，监督资金的使用情况。节水工程的建设管理应严格执行国家基本建设程序，并先于受让方取水工程投入使用。

（8）规定暂停省区水权转换项目审批的限制条件

例如，省区实际引黄耗水量连续两年超过年度分水指标或未达到同期规划节水目标的、不严格执行黄河水量调度指令的、越权审批或未经批准擅自进行黄河水权转换的等。

（9）规定节水效果的后评估制度

水权转换后评估从水权转换制度体系构建、水权转换实施情况、水权转换的效果、水权转换的关键技术等方面，系统全面地总结水权转换实施过程中取得的经验和存在的问题，为黄河水权转换可持续地进行提供支持。为保障水权转换后期评估的顺利实施，水权转换节水工程应从可行性研究、初步设计阶段就必须提出方案，在设计施工过程中要重视监测系统的建设，从水权的分级计量、地下水变化、节水效果和生态环境等方面进行系统全面监测，长期跟踪出让方水量的变化情况，为以后评估提供可靠的基础数据。

通过以上工作，黄河流域水权转换的核心制度初步建立。但考虑实际情况，目前的水权转换工作具有一定的局限性，在精细化程度上与以市场为主线的墨累－达令河流域的水市场仍有较大差距。

3.1.2.2 黄河水权转换的特点

黄河水权转换是目前国内水权转换工作中最大规模的实践和探索，突出特点是水权转换的范围较大，涉及宁夏、内蒙古两自治区；同时，又是首次在跨行业之间实施水权转换的实践和探索。黄河水权转换既有别于东阳－义乌的一次性买断水权，也有别于甘肃张掖实施的农民用水户之间的水票流转。至目前，黄河水权转换在完善的技术审查体系、规范的制度保障体系和组织实施体系下，试点项目和已通过技术审查的水权转换项目转换水量达到 1.96 亿 m^3。在 2003 年以来实施黄河水权转换过程中，形成了具有黄河特色的水权转换制度与模式。

（1）黄河水权转换是指取水权有期限的转换

目前，在黄河流域宁夏回族自治区、内蒙古自治区实施的水权转换是“点对点”式的水权转换，即选定灌区为水权的出让方，已经依法取得了黄河取水权；工业项目为水权的受让方，由于受省际耗水水权总量控制的限制，已无多余的取水水权指标，需要通过水权交易的方式获得工业项目所需要的水权。因此，黄河水权转换的显著特点是指灌区依法取得的黄河取水权由农业向工业转换，即取水权的权属主体发生了变化。取水权转换也有充分的法律依据，同时由于目前黄河水权转换的转换水量是通过工程措施节约的水量，节水工程发挥节水效益受到一定的期限制约。为此，考虑节水工程使用期限、受让方设备使用寿命和我国现行的法律、法规，提出水权转换的期限是25年。因此，黄河水权转换是指取水权的有期限的转换。

（2）工程措施所节约的水量方可转换

考虑水作为特殊商品的特殊要求，并非节约出的所有水量都可转换，必须具备以下三个条件：一是对于目前已经超用黄河省际耗水水权指标的省区，节约水量不能全部用于水权转换，要考虑偿还超用的省际耗水水权指标；二是节约的水量必须稳定可靠，能够满足水权转换期（一般小于25年）内，持续产生转换水量所必须的节水量；三是便于水权转换成本的测算。因此，根据多年的实践和研究，工程措施节水具备以上特点，现阶段将可转换的节水量限定在工程措施所节约的水量是合理的。

（3）水权转换在省级行政区域内部进行

由于承担的供水任务繁重，供水范围大，供水功能多样及来水的不确定性等因素影响，黄河水资源必须实施统一的调度和管理。在统一调度原则的要求下，省区际地方人民政府必须严格执行黄河水量调度指令，确保省区际断面下泄流量和水量符合水量调度要求。水权转换双方应严格按照批准的年度用水计划用水。因此，目前将黄河水权转换限定在省区级行政区域内部是黄河水权管理的需要。

省区与省区之间进行水权转换，从理论上讲是可以的。但就黄河流域各省区近、远期水资源供需预测，又都是缺水的。在普遍的缺水及国家花巨资研究实施南水北调工程的背景下，拥有黄河耗水量指标的省区不会将有限的黄河供水指标转让他人。所以，目前的黄河水权转换实际上是仅限于耗水量超过国务院分配指标且工业发展受到水资源条件严重制约的省区内部，省区与省区之间的水权转换在近期内尚难以发生。

（4）水权转换重点是农业水权向工业水权的转换

农业灌溉用水具有较大的节水潜力。在维护农业取水水权权属不变的基本原则下，农业灌溉具有较大节水潜力和工业企业具有农业水权向工业水权实施转换的强烈意愿等条件下，使宁夏回族自治区、内蒙古自治区引黄灌区农业向工业实施水权转换成为可能。

（5）黄河水权转换是政府调控、监管的准水市场

水资源具有不可替代性、循环再生性、不确定性、流动性等特性，是人类生存的基础资源，在具有经济价值的同时，还具有重要的社会价值。这些特殊属性决定了水市场为政府宏观调控、监管和公众参与的准市场，尤其是在黄河水权转换过程中，水市场的建立尚处在探索阶段，设计到政府、企业、农民用水户、水管单位等多个主题，影响面广，在积极培育水市场的同时，更需要政府宏观调控和引导。因此，黄河水权转换只能是政府宏观调控、监管的准市场。

（6）水权转换具有完善的技术审查、制度保障和组织实施体系

从 2003 年以来，黄河水权转换逐步形成了较为完善的技术审查体系、规范的制度保障体系和组织实施体系，如水权转换总体规划、建设项目水资源论证报告书、水权转换可行性研究报告、《黄河水权转换管理实施办法（试行）》和《黄河水权转换节水工程核验办法（试行）》等，确保了黄河水权转换公开、透明和有序开展。

（7）投资节水、转换水权，提高水资源利用效率和效益

黄河水权转换在“投资节水、转换水权”的基本思路指导下，以投资节水来提高水资源利用的效率，以大规模、跨行业的水权转换来提高水资源利用的效益，是水权水市场制度对水资源优化配置的第一次完整的实践和探索。

3.1.2.3 黄河水权转换面临的问题

（1）黄河水资源供需矛盾加剧，急需细化水量分配方案

“87 分水方案”颁布至今，黄河流域经济社会发展迅速，黄河水资源开发利用形势发生了很大变化。黄河河川径流的开发利用程度提高很快，而河道内生态用水被严重挤占。与此同时，地下水管理方面还很薄弱，地下水的过度开发利用，形成了大面积地下水降落漏斗，造成地面沉陷，影响地面建筑物。傍河地下水超采还大量袭夺河川径流。加强黄河流域地下水的管理，严格总量控制，保障水资源可持续利用，已刻不容缓。

因此，为加强需水管理，推进市级、县级行政区域的总量控制和水权转换，更好地落实省区总量指标控制，必须综合考虑地表水、地下水开发利用形势，尽快在“87 分水方案”的基础上加以细化，明确到地（市、盟）及干支流，使黄河取水许可总量控制管理层层分解，层层落实。

（2）黄河流域区域协作体制还需进一步理顺

水权转换试点过程中，黄委与宁夏回族自治区、内蒙古自治区紧密协作，共同探索，取得了良好的效果。但纵观整个黄河流域管理的现状，黄河流域区域协作体制还需进一步理顺，还存在取水许可统计制度运行不顺畅、流域总量控制与区域总量控制脱节、上中游部分省区内水量调度组织和机制还不完善等问题，不利于水权转换的良性发展。

一是取水许可统计制度运行还不顺畅。由于黄委与地方水行政主管部门按照各自的管理权限审批黄河取水申请，还没有真正建立黄河取水许可审批发证逐级统计上报制度，黄委对省区黄河取水许可审批发证情况不能全面及时掌握，客观上仍存在黄河取水审批失控的风险。二是黄河流域总量控制与区域总量控制脱节。由于黄河水权指标明晰尚不到位，加之黄河流域与区域取水许可管理信息沟通不及时，黄河流域总量控制与区域总量控制仍有脱节。三是上中游部分省区内水量调度组织和机制还不完善。省区内河段仍缺乏统一调度，水量调度分级督察职责和机制还不明确。

（3）水权转换的地区不平衡问题较为突出

目前，黄河水权转换还仅仅限于在宁夏回族自治区、内蒙古自治区两个行政区域展开，省级行政区域的不平衡。同时，水权转换目前主要是围绕黄河流域内煤炭资源的开发和深加工项目的用水需求开展，这些工业项目的开发建设一般均布置在煤炭资源丰富、水资源贫乏地区，由于受煤炭资源分布的地域限制，水权转换在省区内部不同区域之间不平衡。此外，宁夏回族自治区、内蒙古自治区目前开展的水权转换，全部位于以黄河干流为水源的引黄灌区，尚未涉及黄河的主要支流。山西省、陕西省黄河干流用水指标尚未用完，但支流用水严重超指标，也没有开展水权转换，这都表现出干流和支流之间的不平衡。

（4）对相关利益方的补偿机制尚需进一步研究

水权转换过程中涉及的利益方主要有企业、农民用水户、水管单位和生态环境等。在《黄河水权转换管理实施办法》中，规定了水权转换费用，主要包括节水工程建设费用、节水工程和量水设施的运行维护费用、节水工程的更新改造费用、因提高供水保证率而增加风险补偿、必要的经济利益补偿和生态补偿等。但是，对农业、农民和生态环境补偿费用和补偿机制，目前尚缺乏能够令水权转换各方接受的具体测算方法和核算标准，也是制约水权转换有关方利益补偿的关键因素。

3.1.3 黄河流域水量调度

1998 年 12 月，国家发展计划委员会、水利部联合颁布实施了《黄河可供水量年度分配及干流水量调度方案》和《黄河水量调度管理办法》，授权黄委统一管理和调度黄河水量。《黄河水量调度管理办法》明确规定了黄河水量的调度原则、调度权限、用水申报、用水审批、用水监督及特殊情况下水量调度等内容，使黄河水量统一调度工作有章可循。《黄河可供水量年度分配及干流水量调度方案》提出同比例“丰增枯减”原则，明确了正常年份年内分配过程（表 3-6），解决了不同来水年份水量分配和用水过程控制问题；并明确年度水量分配时段为当年的 7 月至次年 6 月，年度干流水量调度时段为当年 11 月至次年 6 月。该方案成为编制年度分水方案和干流水量调度预案的基本依据。经过数年的调度与实践，目前黄河水量调度工作已经建立起较为完善的水量调度管理运行机制，合理运用技术、经济、工程、行政、法律等手段，使黄河水资源管理和调度的水平得到较大提高，特别是近年来水量调度信息化的建设更是进一步提升了黄河水量调度工作的科技含量，取得了显著效果并受到社会各界的广泛关注。总体来说，目前的黄河水量调度实施全流域水量统一调度、必要时实施局部河段水量调度和应急水量调度等。

3.1.3.1 全流域水量统一调度

按照 1998 年国家发展计划委员会、水利部联合颁布的《黄河水量调度管理办法》和中华人民共和国第 472 号国务院令《黄河水量调度管理条例》规定，国家对黄河水量实行统一调度，黄委负责黄河水量调度的组织实施和监督检查工作。黄河水量调度从地域的角度包括流域内的青海、四川、甘肃、宁夏、内蒙古、山西、陕西、河南、山东 9 省区，以

表 3-6　正常年份黄河可供水量年内分配指标

（单位：亿 m^3）

省(自治区、直辖市)	7 月	8 月	9 月	10 月	11 月	12 月	1 月	2 月	3 月	4 月	5 月	6 月	汛期（7 ~ 10 月）	非汛期（11 ~次年 6 月）	全年
青海	1.763	1.733	0.850	1.292	2.235	0.167	0.167	0.167	0.791	1.144	1.969	1.822	5.638	8.462	14.1
四川	0.034	0.034	0.033	0.034	0.033	0.034	0.034	0.030	0.034	0.033	0.034	0.033	0.135	0.265	0.4
甘肃	4.043	3.222	1.839	2.326	3.344	0.371	0.371	0.334	2.468	2.639	4.843	4.600	11.430	18.970	30.4
宁夏	6.594	3.438	0.969	1.029	3.886	0.092	0.092	0.092	0.092	3.282	11.436	8.998	12.030	27.970	40.0
内蒙古	8.623	2.492	7.392	11.395	0.517	0.535	0.535	0.483	0.535	0.827	14.383	10.883	29.902	28.698	58.6
陕西	3.952	4.408	1.782	2.386	3.450	2.907	2.466	1.877	4.341	4.112	2.405	3.914	12.528	25.472	38.0
山西	4.458	5.669	2.940	0.756	3.060	2.237	2.041	1.197	6.210	5.749	4.814	3.969	13.823	29.277	43.1
河南	5.582	6.773	4.487	3.656	1.551	1.053	1.163	4.100	6.593	5.872	6.759	7.811	20.498	34.902	55.4
山东	2.562	3.640	6.111	5.467	2.170	5.320	1.309	4.340	12.390	13.307	9.289	4.095	17.780	52.220	70.0
河北＋天津	0.000	0.000	0.000	0.000	5.000	5.167	5.167	4.666	0.000	0.000	0.000	0.000	0.000	20.000	20.0
合计	37.611	31.409	26.403	28.341	25.246	17.883	13.345	17.286	33.454	36.965	55.932	46.125	123.764	246.236	370.0
各月所占比例（%）	10.2	8.5	7.1	7.7	6.8	4.8	3.6	4.7	9.0	10.0	15.1	12.5	33.4	66.6	100.0

及国务院批准的黄河流域外引黄河水量的天津市、河北省。从水资源的角度包括黄河干支流河道水量及水库蓄水，并考虑地下水资源利用。全河水量统一调度主要包括：调度年份黄河水量的分配，月、旬水量调度方案的制定，实时水量调度及监督管理等工作。

1999年至今，在黄河来水严重偏枯的情况下，黄委依据《黄河水量调度管理办法》的规定，对黄河水量实施统一调度，保证了黄河流域各省（自治区、直辖市）的城乡居民生活用水和工业用水，兼顾了农业关键期用水和生态用水，并完成了向河北及天津市远距离应急调水任务，实现了黄河连续七年不断流，初步遏制了黄河频繁断流的势头。但是，在实施黄河水量调度中，还突出存在着以下五方面问题。

一是水量调度中包括国务院发展计划主管部门、国务院水行政主管部门、黄河流域及相关地区11个省（自治区、直辖市）人民政府及其水行政主管部门、黄河水利委员会及所属各级管理机构、水库主管和管理单位等责任主体的职责和权限有待进一步明确，调度管理体制和工作机制有待进一步理顺。

二是在2003年经国务院批准的旱情紧急情况下黄河水量调度预案中首次建立的行政首长负责制，作为保障黄河水量统一调度正常、有序进行的手段，需要扩展完善，以保证省际或重要断面流量达到控制指标要求，有关水库在用水高峰期按水调指令下泄水量。

三是《黄河可供水量分配方案》的实施还缺乏强制执行力。1987年由国务院同意、国务院办公厅颁布的《黄河可供水量分配方案》对加强黄河水量的统一分配起到了重要作用。但是，没有要求省（自治区、直辖市）对其超分配指标取用水的行为承担责任，使部分省（自治区、直辖市）超分配指标取用水的问题在长时期内难以解决，造成用水总量控制难以实现。

四是对黄河流域重要支流的水量调度问题缺乏规定。由于缺乏对黄河流域重要支流水量调度的规定，其支流用水量没有纳入全流域统一调度管理，产生了有关省（自治区、直辖市）过度、无序开发利用支流水资源，造成支流水量枯竭甚至断流、入黄水量急剧减少的现象。例如，汾河、渭河、沁河等重要支流都曾出现季节性断流，不仅影响支流相关地区经济社会可持续发展，也使黄河干流水量大幅下降，增加了干流水量调度压力，严重影响黄河水量分配方案和调度计划的执行。

五是黄河水量调度管理制度不够完善。黄河水量调度中，用水计划的申报、受理，水量分配方案和调度计划的实时调整、水量调度指令的下达、需要使用计划外指标的审批、水量调度中的数据监测、水量调度的公告等重要环节还没有相应的规定，需要予以完善、调整和规范，以增强调度的可操作性。

六是特殊情况下的水量调度制度及工作机制还不完善。在黄河水量调度实践中出现了旱情紧急情况、突发性事件等特殊问题，亟待明确相应的实施条件、批准程序，建立调度预案制度，规定特殊情况下水量调度有关主体的职责和应急处置措施。

七是监督检查制度和处罚措施需要进一步加强。针对黄河水量调度实施中，存在着有关地区不认真执行水量分配方案和调度计划，超分配指标用水致使相关重要控制断面下泄流量不符合控制指标要求，以及有关水库不能严格执行水调指令等违规行为，需要建立相关的监督检查制度，并规定相应的处罚措施。

为有效解决黄河水量统一调度中存在的上述诸多问题和矛盾，支持和保障黄河水量统一调度的有效实施，迫切需要在国家层面尽快制定规范黄河水量调度的专门法规。2003 年，黄委开始组织起草《黄河水量调度条例》，经过广泛征求意见和反复修改完善，2006 年 7 月 5 日，国务院第 142 次常务会议审议通过了《黄河水量调度条例》，7 月 24 日，国务院令第 472 号颁布了《黄河水量调度条例》，并于 2006 年 8 月 1 日起正式施行。

《黄河水量调度条例》共 7 章 43 条，主要内容包括：黄河水量调度的适用范围，调度原则，调度管理体制，黄河水量分配和调整的原则与程序，正常情况下黄河水量调度的方式、调度程序、权限划分、控制手段，应急调度的程序和手段，监督管理的类型、措施和程序，违反水量调度的法律责任等。

《黄河水量调度条例》是在国家层面第一次制定的黄河治理开发专门法规，在黄河治理开发与管理的历史上，具有里程碑的意义。它的颁布实施，把《中华人民共和国水法》中关于水量调度的基本制度从法规层面具体落在了黄河水量调度和管理的实处，对建立起黄河水量调度长效机制，缓解黄河流域水资源供需矛盾和水量调度中存在的问题，正确处理上下游、左右岸、地区之间、部门之间的关系，统筹协调沿黄地区经济社会发展与生态环境保护，实现水资源的节约、高效、可持续利用，都具有十分重要的意义。它的颁布标志着黄河水量调度进入了依法调度的新阶段，也成为目前黄河水量统一调度中最根本的法律依据。

2007 年，水利部出台了《黄河水量调度条例》的配套管理办法——《黄河水量调度条例实施细则》。该细则对《黄河水量调度条例》中的一些原则性规定进行了细化和必要的补充，使条例的可操作性大为提高。其主要规定包括以下几方面。

（1）断面流量控制精度

细则规定：水库日平均出库流量误差不得超过控制指标的 ±5%；其他控制断面月、旬平均流量不得低于控制指标的 95%，日平均流量不得低于控制指标的 90%。并进一步明确控制河段上游断面流量与控制指标有偏差或者区间实际来水流量与预测值有偏差的，下游断面流量控制指标可以相应增减，但不得低于预警流量。

（2）支流调度管理模式

考虑支流调度的基础和特点，规定对支流水量调度实行分类管理，其中跨省、自治区的支流，实行年度用水总量控制和非汛期水量调度；不跨省、自治区的支流，实行年度用水总量控制。黄委负责发布重要支流水量调度方案和调度指令，进行宏观管理及监督检查；有关省、自治区人民政府水行政主管部门根据下达的取（耗）水总量控制指标和断面流量控制指标负责本辖区内重要支流的水量调度管理。

（3）建立责任人制度

为使《黄河水量调度条例》规定的调度责任落到实处，细则明确了责任人制度，规定了责任人报送、公告的程序和时间。11 省（自治区、直辖市）人民政府及其水行政主管部门、水库主管部门或者单位应当于每年 10 月 20 日前将水量调度责任人名单报送黄委；黄委应当于每年 10 月 30 日前将 11 省（自治区、直辖市）人民政府及其水行政主管部门、黄委及其所属管理机构及水库主管部门或者单位的水量调度责任人名单报送水利部；水利部于每年 11 月公布。水量调度责任人发生变更的，应当及时报黄委和水利部备案。

（4）明确了有关资料报送、调度计划和方案下达的时限要求

由于黄河水量调度的实效性非常强，细则对有关工作的时限进行了明确规定。主要包括：年月旬用水需求计划建议及水库运行计划建议的申报时间、实时调整用水计划和水库运行计划的申请时限、年度调度计划上报和批复时间、月旬调度方案下达时间、取（退）水和水库运行情况报表的报送时间、申请在年度水量调度计划外使用其他省（自治区、直辖市）计划内水量分配指标的申请和答复时限、水量调度责任人的报送和公告时间、水量调度执行情况的公告时间。

（5）规定了干流控制断面预警流量及支流省际和入黄断面最小流量

将自2003年在黄河水量调度中执行的干流省际和重要控制断面预警流量纳入细则中，并规定了黄河重要支流控制断面最小流量指标及保证率。具体见表 3-7 和表 3-8。

表 3-7　黄河干流省际和重要控制断面预警流量表　　（单位：m^3/s）

项目	下河沿	石嘴山	头道拐	龙门	潼关	花园口	高村	孙口	泺口	利津
预警流量	200	150	50	100	50	150	120	100	80	30

表 3-8　黄河重要支流控制断面最小流量指标及保证率表

河流	断面	最小流量指标（m^3/s）	保证率（%）	河流	断面	最小流量指标（m^3/s）	保证率（%）
洮河	红旗	27	95	渭河	北道	2	90
湟水	连城	9	95		雨落坪	2	90
	享堂	10	95		杨家坪	2	90
	民和	8	95		华县	12	90
汾河	河津	1	80	沁河	润城	1	95
伊洛河	黑石关	4	95		五龙口	3	80
大汶河	戴村坝	1	80		武陟	1	50

（6）规定了申请计划外用水指标的条件和程序

申请在年度水量调度计划外使用其他省（自治区、直辖市）计划内水量分配指标的，应当同时符合以下条件：一是辖区内发生严重旱情的；二是年度用水指标不足且辖区内其他水资源已充分利用。

申请由有关省（自治区、直辖市）水行政主管部门和河南黄河河务局、山东黄河河务局按照调度管理权限提前 15 日以书面形式提出。申请应当载明申请的理由、指标额度、使用时间等事项。

黄委收到申请后，应当根据黄河来水、水库蓄水和各省（自治区、直辖市）用水需求情况，经供需分析和综合平衡后提出初步意见，认为有调整能力的，组织有关各方在协商一致的基础上提出方案，报水利部批准后实施；认为无调整能力的，在 10 日内做出答复。

3.1.3.2 局部河段水量调度

黄河供水区域较大，各河段用水需求和水文特性各不相同，因此在遵循全流域水量统一调度原则的基础上，在特定时间需要进行局部河段的水量调度。局部河段的水量调度主要是针对该河段的用水特点或特殊的水情状况，根据实际需要对黄河干流的局部河段或支流实施相对独立的水量调度。如在有引黄济津或引黄济青等任务时，为保证渠首的引水条件，可以对相关河段上游实施局部的水量调度，以保证引水。在宁蒙灌区或黄河下游灌区的用水高峰期，当用水矛盾突出时，也可以实施局部河段的水量调度。

局部河段水量调度主要包括：水量调度方案编制，实时水量调度及协调、监督检查等。

3.1.3.3 应急水量调度

应急水量调度是指在黄河流域或某河段或黄河供水范围内的某区域出现严重旱情，城镇及农村生活和重要工矿企业用水出现极度紧缺的缺水状况或出现水库运行故障、重大水污染事故等情况可能造成供水危机、黄河断流时，黄委根据需要进行的水量应急调度。

为有效应对各类突发事件，在 2003 年上半年首次启动旱情紧急情况下黄河水量调度预案后，黄委开始着手研究制定应急调度管理的各项措施和规定，2003 年制定了《黄河水量调度突发事件应急处置规定（试行）》和《黄河重大水污染事件应急调查处理规定》，从而建立了黄河水量调度应急管理机制。黄河水量调度应急管理的经验纳入到了《黄河水量调度条例》中，在该条例中专门规定了应急调度一章。2006 年，《黄河水量调度条例》颁布实施后，根据条例及黄河水量调度的实际情况，2008 年黄委对《黄河水量调度突发事件应急处置规定（试行）》进行修订并发布实施。2007 年，黄河防汛抗旱总指挥部（简称黄河防总）成立后，新增了抗旱职能，2008 年黄河防总颁布实施了《黄河流域抗旱预案（试行）》。至此，黄河水量调度应急管理机制已基本完备。

按照规定，在实施应急水量调度前，黄委应当会商 11 省（自治区、直辖市）人民政府及水库主管部门或单位，制定紧急情况下的水量调度预案，并经国务院水行政主管部门审查，报国务院或者国务院授权的部门批准。在获得授权后，黄委可组织实施紧急情况下的水量调度预案，并及时调整取水及水库出口流量控制指标，必要时可以对黄河流域有关省、自治区主要取水口实施直接调度。

应急水量调度还包含为满足生态环境需要进行的短期水量调度工作，如 2008 年向白洋淀调水。

（1）断面预警事件的应急处置

《黄河水量调度突发事件应急处置规定》规定了断面预警事件分类、各方职责及相应的处置措施。

断面预警分类包括以下五类。

第一类：黄河干流省际或重要水文控制断面流量达到或小于预警流量。黄河干流省际和重要水文控制断面预警流量见表 3-7 和表 3-8。

第二类：预测黄河干流省际或重要水文控制断面流量可能达到或小于预警流量。

第三类：黄河重要支流省际或入黄水文控制断面达到或小于最小流量指标，且可能导致或已经导致该水文控制断面不能满足《黄河水量调度条例实施细则（试行）》规定的最小流量保证率。黄河重要支流及其水文控制断面最小流量指标及保证率见表 3-8。

第四类：黄河重要支流省际或入黄水文控制断面达到、小于最小流量指标或发生断流。

第五类：因满足防汛、防凌、抢险或电网安全等要求，为保证公共安全和维护公共利益，需紧急调整水库泄流或河道引退水指标。

处置程序：预测与报告—会商—下达紧急情况下的实时调度指令—加密水文测验，开展水调督查—情况反馈。

职责分工主要有以下内容。

1）预测与报告：第一类断面预警事件由黄委水文局报告负责，第二类事件由黄委水调局预测和报告，第三、第四类，按照水文断面隶属关系由黄委水文局或省区水利厅报告，第五类事件由有关省区水利厅、黄委所属管理机构或有关水库管理单位报告。报告时限为 20 分钟，书面报告时限为 1 小时，并规定了书面报告文书格式。

2）会商：当只有一个断面发生第一类预警事件时，由黄委水调局在 1 小时内组织会商，提出处理方案，向黄委领导报告；当多个断面发生第一类预警事件时，由黄委在 1 小时内组织会商，提出处理方案。其他断面预警事件由黄委水调局在 2 小时内组织会商，必要时报告黄委领导。

3）下达紧急情况下的实时调度指令：第一、第二类断面预警，由黄委下达紧急情况下的实时调度指令，有关省区水利厅或山东黄河河务局、河南黄河河务局根据调度权限和黄委调令，下达辖区内压减或停止农业引水、增加退水的调令；第三、第四类断面预警，由有关省区水利厅根据黄委要求，下达压减或停止农业引水、增加退水和水库泄流的调令；第五类事件由黄委或有关省区水利厅下达调整水库泄流或河段引退水流量的调令。

4）加密水文测验：按照发生预警断面隶属关系，由黄委水文局和地方水文部门依据规定频次进行水文测验。

5）水调督查：第一类突发事件，由黄委及地方水行政主管部门在 24 小时内逐级派出督察组；第二类突发事件由黄委所属管理单位及地方水行政主管部门在 24 小时内逐级派出督察组；第三类突发事件由地方水行政主管部门在 24 小时内逐级派出督察组，黄委视情况派出督察组；第四类突发事件由黄委和地方水行政主管部门视情况派出督察组；第五类突发事件，必要时由黄委所属管理单位和地方水行政主管部门派出督察组。有关地区、水库管理单位和用水户必须严格执行调令。

6）情况反馈：有关单位和部门应在 8 小时内将采取的措施报告黄委水调局。

（2）水污染突发事件的应急处置

2003 年 1 月，黄委制定了《黄河重大水污染事件报告办法（试行）》，为此后黄河突发水污染事件应急机制的建立和完善奠定了基础。该办法规定了在黄河干流或黄委直接管理的支流河段（湖泊、水库）发生或可能发生大范围水污染事件时的报告程序，包括发现、监测、调查和报告，并明确了黄河流域水资源保护局、水文局和委属河务部门的发现、监测、调查和报告水污染事件中的职责。

为解决《黄河重大水污染事件报告办法（试行）》对调查、监测等方面的规定过于原则、不好操作的问题，2003 年 5 月黄委又制定了《黄河重大水污染事件应急调查处理规定》，该规定依据水利部《重大水污染事件报告暂行办法》，区分了流域机构和地方水行政主管部门在重大水污染突发事件报告的职责划分，同时细化了黄委及其所属单位的报告职责。

2008 年，水利部《重大水污染事件报告办法》实施后，黄委根据黄河突发水污染事件处置经验和存在的问题，在保持《黄河重大水污染事件报告办法（试行）》和《黄河重大水污染事件应急调查处理规定》有效的情况下，考虑到黄河突发水污染事件应对工作领导小组及其办公室（黄河流域水资源保护局）成立运行的现实，对黄河突发水污染事件的有关工作再次进行了补充规范，印发实施了《关于加强黄河重大水污染事件报告和调查处理的通知》。由此可以看出，黄河流域水污染突发事件应急处置机制在实践中不断得到了完善，该机制核心内容包括以下几方面。

1）突发水污染事件的发现与报告：黄委水文、河务、河道、水利枢纽、水质监测等基层单位发现在黄河干流和黄委直接管理的支流河段发重大水污染事件，在规定时限内报告黄河流域水资源保护局；黄河流域水资源保护局接到重大水污染事件报告或从其他途径获取此类信息后，应立即进行核实。经核实确认后，及时上报黄委（初报），并在规定时限内向水文局或基层水质监测单位下达应急水质监测和调查通知。各基层水文水资源局应将调查结果随时报黄河流域水资源保护局，黄河流域水资源保护局对事件初步分析后，将分析结果、已采取的措施及需要进一步采取的措施和建议报黄委（续报），同时开展应急水质预警预报，提出采取措施的意见和建议报告黄委，并通报委属有关单位。

2）信息通报：必要时，黄委或授权黄河流域水资源保护局向有关省、自治区人民政府发出预警通报，并提出水污染控制意见和建议，并报告水利部。

3）决策指挥：黄委成立应对突发性水污染事件领导小组，由黄委主管领导和黄委所属有关单位构成，负责组织编制黄委应对突发水污染事件应急预案，确定事件处置原则，组织开展事件处置，发布应急指令，协调处置有关重大问题。下设领导小组办公室，履行应急值守、信息汇总和综合协调职责，下达应急预案启动和终止通知；根据领导小组决定或批准，下达应急预案或任务书。

4）黄委各职能部门和单位的职责：黄河流域水资源保护局和水文局按照职责分工负责管辖范围内的应急监测（水质和水文监测）和调查，提供应急工作需要的水质和水文资料；水资源管理与调度局负责调水期应急水量调度，协调做好取用水工程应急调度管理工作；黄河防汛抗旱总指挥办公室负责汛期水利枢纽工程应急调度，下达工程运行指令并监督实施；黄委直属管理的河务和水利枢纽管理等单位负责辖区内重大水污染事件水利工程应急措施的实施，并协助在其管辖范围内的应急监测和调查；水文、河务、水利枢纽、水质监测等基层单位及其工作人员对本单位管辖河段、工作现场或驻守地附近的水污染情形要加强观测巡视，并协助调查监测人员开展工作。

5）流域与区域协作机制：在确认黄河干流和黄委直接管理的支流河段发重大水污染事件后，应根据水污染发展的情况，及时向水利部报告或向环境保护主管部门及黄河流域有关地方政府通报水污染信息，避免或减少水污染事件造成的损失。地方水行政主管部门管理范围内的黄河支流重大水污染事件，按照水利部《重大水污染事件报告暂行办法》，由地方有关水行政主管部门报告和应急调查处理，同时抄报黄委。

（3）区域干旱事件的应急处置

为提高抗旱工作的计划性、主动性和应变能力，减轻旱灾影响和损失，保障黄河流域及供水区经济发展及生活、生产和生态环境用水安全，2008 年黄河防总颁布了《黄河流域抗旱预案（试行）》。该预案解决了以下几方面的问题：一是建立和规范抗旱组织指挥机制和程序；二是建立旱情信息监测、处理、上报和发布机制，掌握旱情发展动态；三是制定旱情紧急情况和黄河水量调度突发事件的判别标准和应对措施，防止黄河断流，保障黄河流域供水安全和生态安全；四是明确黄河防汛抗旱总指挥部、黄河水利委员会、沿黄有关省区防汛抗旱指挥机构、水库管理单位抗旱工作职责。

1）预警等级和响应级别。根据区域干旱严重程度和影响范围，各类事件分红、橙、黄、蓝四个预警等级和Ⅰ、Ⅱ、Ⅲ、Ⅳ四级响应行动。

2）判别和发布不同预警等级和启动应急响应级别的条件有以下几种情况。

出现下列情况之一者，发布蓝色预警，启动Ⅳ级响应：①黄河流域及供水区一个省区发生严重干旱；②黄河流域及供水区多个省区同时发生中度干旱；③黄河流域及供水区重要自然保护区发生严重干旱。

出现下列情况之一者，发布黄色预警，启动Ⅲ级响应：①黄河流域及供水区一个省区发生特大干旱；②黄河流域及供水区二个省区同时发生严重干旱。

出现下列情况之一者，发布橙色预警，启动Ⅱ级响应：①黄河流域及供水区二个省区发生特大干旱；②黄河流域及供水区多个省区同时发生严重干旱；③黄河流域及供水区多座大中型城市同时发生特大干旱，或个别大中城市发生极度干旱。

出现下列情况之一者，发布红色预警，启动Ⅰ级响应：①黄河流域及供水区多个省区发生特大干旱；②黄河流域及供水区多座大中城市发生极度干旱。

区域干旱等级参照国家防办《干旱评估标准（试行）》，结合黄河流域及供水区实际情况确定。

黄河流域及供水区的多数省区跨不同流域，当省区内不同流域旱情差异较大时，旱情等级应主要依据本流域及供水区旱情确定。

黄河流域及供水区地域范围大，执行中根据旱情发生的特定区域，视情况实施局部预警和响应。

3）各方职责。黄河防汛抗旱总指挥部定期或不定期组织召开会议，研究部署抗旱重要工作，协调解决黄河流域抗旱的有关问题，向国家防汛抗旱总指挥部报告黄河流域抗旱工作情况，发布和解除旱情预警信息，必要时派出工作组指导抗旱工作。

黄委主要是加强与有关省区的联系，密切关注水情、墒情和旱情，加强对地方水量调度工作的指导，积极筹措水源，协调审批计划外用水。

省区防汛抗旱指挥机构在加强黄河干支流水量和工程的统一调度、科学配水、挖潜当地水资源潜力与确保城乡居民生活用水的前提下，保证重点用水户的用水，及时监测报送水情、墒情和灾情信息，发生特大旱灾和供水危机时请求部队支援。

水库管理单位，严格执行黄委的调度指令，保证泄流精度，保障抗旱水源。

3.1.4 黄河水量调度及水权转换的效果

（1）遏制了用水的无序增长

黄河水量统一调度兼顾了各省区、各河段、上下游、左右岸用水，各地区的供水保证程度趋于平衡，同时遏制了省区不断上升的用水趋势，协调了各地用水矛盾，减少了用水纠纷，在一定程度上促进了社会安定和民族团结。

统一调度后，黄河流域各年平均取水量为 348.6 亿 m^3，较 20 世纪 90 年代平均地表取水量 376.9 亿 m^3 减少了 28.3 亿 m^3，在一定程度上遏制黄河流域用水快速增长的态势。调度前后黄河地表取水量情况如图 3-1 所示。

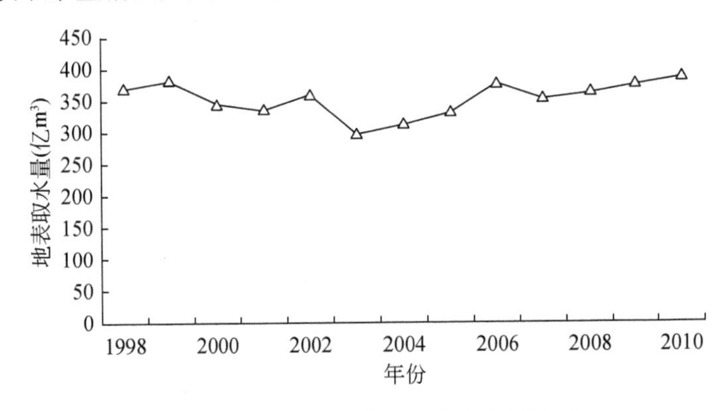

图 3-1 调度前后黄河地表取水量情况

与调度前对应来水相似年份相比，耗用水量较多的省区如内蒙古、山东等超耗水量也较调度前对应典型年有所减少。调度后内蒙古的平均耗用水量为 59.0 亿 m^3，相当于分配水量 48.0 亿 m^3 的 124.8%，比调度前对应典型年的 147.7% 减少了 22.9 个百分点。可见，统一调度后内蒙古的用水量虽然仍大于分配水量指标，但超出的比例减少了，而且自《黄河水量调度条例》颁布后，2006 年内蒙古超用指标减小为 5.2 亿 m^3，内蒙古超额用水的趋势也得到有效遏制。黄河水量统一调度后，下游超额用水较多的山东的平均耗水量为 66.9 亿 m^3，相当于平均分配水量 56.5 亿 m^3 的 120.0%，比调度前对应典型年的 156.9% 减少了 36.9 个百分点，其中 2003 年、2004 年和 2005 年山东耗用水量基本接近或者低于分配指标，下游山东的超额用水得到极大的缓解和有效遏制。统一调度控制用水大省区的耗用水量，保证了国务院“87 分水方案”的有效实施，遏制了省区不断上升的用水趋势，兼顾了各省区、各河段、上下游、左右岸的地区供水，各地区的供水保证程度趋于平衡。

（2）支撑了黄河流域经济社会发展

通过实施黄河水量统一调度和水权转换，提高行业用水效率的提高，促进了各部门的用水优化分配，满足了工业及生活用水，合理安排了农业用水，同时考虑了生态需水要求。水量统一调度实施以来，农业取用黄河水量得到有效控制，呈现减少趋势，统一调度和水权转换以来年均取水量为291.4亿m^3，较之前的334.6亿m^3减少了43.2亿m^3，地表取水量减少12.9%；工业取用黄河水量大幅增长，为黄河流域工业发展提供了水源支撑，2010年工业取用黄河水量达到42.7亿m^3，较2000年增加了12.3亿m^3；黄河流域生活取用黄河水量也得到有效保障，2000年以来取用黄河水量快速增加，2010年达到22.42亿m^3。水量调度和水权转换实施前后各行业地表取水量情况如图3-2所示。

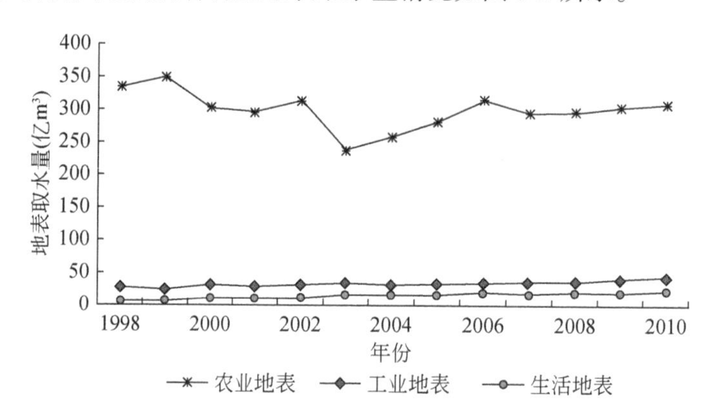

图3-2　水量调度和水权转换前后各行业地表取水量情况

（3）满足生态环境用水的基本要求

黄河流域水沙异源、水少沙多，水沙关系不协调，在水资源供需矛盾突出的情况下，保证河道内生态环境用水，对维持河流健康生命、保证河道行洪排沙、保障河流两岸及河口地区生态系统稳定等具有至关重要的作用。20世纪90年代以来，黄河来水偏枯，加之不合理的水资源利用，黄河下游频繁断流，造成了较为严重的生态灾难，凸现了生态环境用水对黄河的重要作用。

黄河实行水量统一调度后，生态环境用水有所增加，现以利津断面实测径流量代表入海水量进行分析。从总量上分析，水量统一调度十年平均年利津断面水量为134.5亿m^3，比调度前20世纪90年代平均134.3亿m^3略高，但统一调度后花园口断面天然径流量比调度前减少7%，即统一调度在来水少的情况下超过了调度前的水平。具体见图3-3。

黄河非汛期生态环境用水具有保证河道不断流、保护河口三角洲湿地、提高河流水质、维持生物需水量等重要作用，非汛期水量调度始终是黄河水量统一调度的重点。对比分析统一调度前后上游河口镇和下游利津断面实测来水量，其中河口镇断面调度后非汛期平均来水量较调度前减少3.4亿m^3，非汛期来水占全年来水的比例与调度前一致，但非汛期各月最小来水量与调度前相比增加了1.8亿m^3；调度前非汛期利津断面实测年平均来水为48.4亿m^3，占全年来水的36.1%，实施统一调度后，利津断面非汛期来水约为63.0亿m^3，占全年来水量的46.9%，较调度前平均非汛期来水增加14.6亿m^3，增加了30.2%。

实施黄河水量统一调度以来，黄河流域来水持续偏枯，但由于实施水量统一调度，不但确保未发生断流，在来水最枯的 2002 年利津断面实测水量还达到了 41.9 亿 m^3，占当年黄河平均天然径流量的 13.95%；2002 年之后平均入海水量达到了 195 亿 m^3，占黄河平均天然径流量的比例提高到 41.3%，基本保证了下游河道生态环境用水的需求。

此外，调度后为缓解白洋淀地区干旱缺水状况，2007 年以来实施了引黄济淀应急生态调水，年均调水约为 8 亿 m^3，对保护白洋淀地区生态和环境，保障白洋淀地区及周边群众生活、生产用水安全具有重要作用。

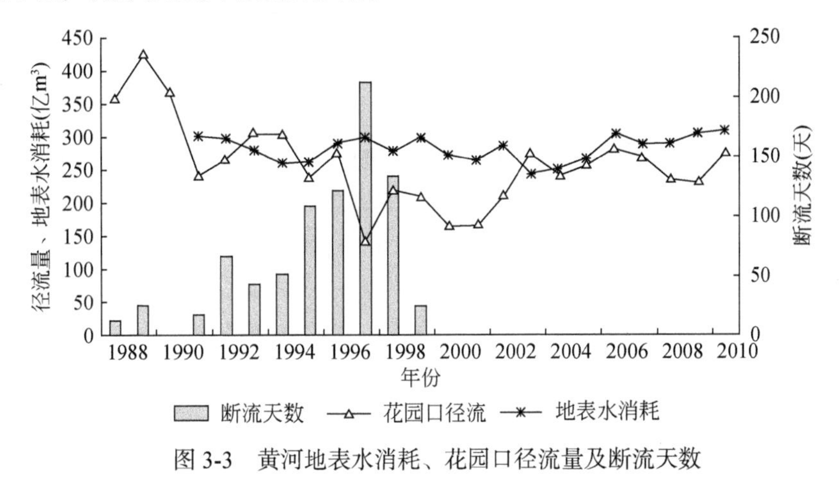

图 3-3　黄河地表水消耗、花园口径流量及断流天数

3.2　墨累 - 达令河流域水量分配与水市场建立

3.2.1　以“Water Cap”为核心的水量分配和调度

墨累 - 达令河流域水资源管理中的最大取水量制度 (Water Cap) 是国际上流域取用水总量控制方面的典范制度。针对河流健康状况不断恶化的问题，墨累 - 达令河流域部长理事会于 1995 年 6 月决定对墨累 - 达令河流域水量分配实施临时最大取水量制度。

墨累 - 达令河流域是澳大利亚最早依据分水协议进行水资源配置的地区，经过几十年的发展，已经形成了比较完善的水资源调度管理制度。“Water Cap”是指允许从墨累 - 达令河流域中取用的总水量，是在 1993 ~ 1994 年墨累 - 达令河流域发展水平基础上确定的分水限量，相当于黄河流域的总量控制原则。“Water Cap”主要的目标是通过合适方式维持改善河流水流变化规律，保护并促进河岸环境，并通过水资源管理满足墨累 - 达令河流域生态和经济社会发展需求。“Water Cap”基于墨累 - 达令河流域部长理事会根据 1993 ~ 1994 财年墨累 - 达令河流域水资源开发利用水平所决定的取用水限量，由联邦、缔约州、河谷地区和次流域地区经共同协商而最终确定下来。根据《墨累 - 达令河流域协议》附件 F 的有关规定，墨累 - 达令河流域委员会于 1996 年 12 月决定自次年 7 月 1 日起实施永久性最大取水量制度。

事实上，墨累－达令河流域“Water Cap”的提出，与黄河流域实行统一调度的发展过程一样，也经历了一定发展过程。最初，墨累－达令河流域实行的是围绕水资源利用展开的州际协作管理，随着水问题的出现，1914 年由澳大利亚联邦政府、新南威尔士州、维多利亚州及南澳大利亚州政府共同签署并于 1915 年通过了《墨累河水协议》(*River Murray Waters Agreement*)。该协议在此后 70 多年的时间里一直发挥着管理作用。但是到了 20 世纪 80 年代，随着取水量的持续增长、水质的恶化和土壤的盐碱化，迫切需要扩大委员会的职权，加强政府间合作的力度以寻求新的对策。1987 年 10 月，经过重新协商，签署了《墨累－达令河流域协议》，该协议最初被认为是《墨累河水协议》的最终修正。但随着新的水问题的出现，1992 年诞生了新的墨累－达令河流域协议，并完全取代了《墨累河水协议》。

1992 年协议的宗旨是“促进和协调行之有效的计划和管理活动，以实现对墨累－达令河流域的水、土及环境资源的公平、高效和可持续发展利用”。该协议在政策制定、机构设置和社区参与三个层面上创设了流域协商管理的组织框架，同时确立了新机构的目标、功能和组成，规定了流域机构应遵循的程序，明确了水资源的分配，机构资产管理及财政支出等相关事项。该协议于 1995 年正式启用实施。1992 年协议实施后，墨累－达令河流域各州在水资源分配和共享方面可以通过寻求一个相对的利益均衡点，平等分配水资源，满足各州所需，从而减少水资源的浪费，避免水事纠纷，并使水资源向高效益方向转移，取得了很好的经济、社会和环境效益。

1992 年协议在一定程度上促进了水资源的高效利用，解决了部分水资源问题，但是用水量的不断增加引发的水资源问题还在增加。为此，在全面核查墨累－达令河流域用水量的基础上，1996 年 6 月墨累－达令河流域部长理事会决定对从墨累－达令河流域引用的水量进行用水总量控制。从 1997 年 1 月开始实施用水限额管理，通过建立一个在全流域内共享水资源的“新框架”，来确保水资源的有效和可持续利用。按照最大取水量制度，任何新用户的用水都必须通过购买已有取水许可证用水户的用水水权来获得。

最大取水量制度是为保证河流和生态的健康、可持续发展，在确定总供水量时对用水量进行上限限制。但是这个上限并不是所有地区都相同且固定不变的，它是根据流域河道的长期流量、结合各个州的用水情况具体制定的，各个州必须确保其掌管下的各条河流的取水量不能超过所分水量的上限，超过水量则需从下一年的分水量中扣除。最大取水量制度分配的是一个浮动水量指标，各州根据 1994 年水平分水指标见表 3-9。

表 3-9　“Water Cap”各州最大限制取水量

州（区）	1988 年（GL）	1994 年（GL）	充分发展取水（GL）	增加（%）	限制发展取水（GL）	增加（%）
新南威尔士	5 550	5 861	6 868	17.2	6 273	7.0
维多利亚	3 579	3 819	4 010	5.0	3 906	2.3
南澳大利亚	572	610	835	36.9	777	27.4
昆士兰	225	426	556	30.5	533	25.1

续表

州（区）	1988 年（GL）	1994 年（GL）	充分发展取水（GL）	增加（%）	限制发展取水（GL）	增加（%）
首都领地	63	65	75	15.0	75	15.0
全流域	9 989	10 781	12 344	14.5	11 564	7.3

注：资料来源于 1995 年墨累 – 达令河流域水资源利用的审查报告。

维多利亚州在给古尔本峡谷、落登峡谷、墨累峡谷等的供水系统计算基础用水量时，每年给这些供水系统多分配 0.22 亿 m^3 的水量。在南澳大利亚州，利用途经天鹅地区、阿德莱德市和默里布里奇市的管道，给阿德莱德市及其周边地区的供水，在未来 5 年的任意年段内都不允许超过 6.50 亿 m^3；为墨累沼泽地区调用的水量每年不超过 0.834 亿 m^3；为城镇用水的分水量一年不能超过 0.50 亿 m^3；为其他目的的分水量不能超过 4.406 亿 m^3 的年均分水量。

为了解决墨累 – 达令河流域严重的水资源紧张问题，澳大利亚联邦政府及墨累 – 达令河流域各州之间经过长期磋商，形成了目前由 1992 年《墨累 – 达令河流域协议》、联邦《2007 年水法》、2008 年《关于墨累 – 达令河流域改革的政府间协议》和 2012 年《墨累 – 达令河流域规划》主体的墨累 – 达令河流域水资源管理法律体系，完善了墨累 – 达令河流域管理的法律制度框架。

此外，按照墨累 – 达令河流域协议，每年由独立机构编写并公布《水资源审计报告》（*Water Audit Monitoring Report*），评估流域分水封顶制度的执行情况，包括流域分配水量调整、用水计量准确度、用水量变化、水交易情况、地下水使用、环境用水等情况，同时具体分析流域内各州水量分配情况。2012 年，《墨累 – 达令河流域规划》实行以来，墨累 – 达令河流域管理委员会对规划的执行情况每年开展评估，包括各州（区）水资源规划的认可和实施、可持续引水限额的遵守情况及环境用水规划、水质与盐度管理规划目标和指标的完成情况。2017 年，墨累 – 达令河流域规划实施 5 年，墨累 – 达令河流域管理机构将会开展流域规划实施 5 年评估工作，回顾流域规划实施效果，发现问题并提出解决措施，评估工作主要包括环境规划实施情况、可持续分水限制实施情况、水交易规则、水质和盐度管理执行情况，水资源规划取得的进步，以及流域规划适应性管理实施效果等。

3.2.2 水量分配和调度实施效果

自实施“Water Cap”新框架以来，墨累 – 达令河流域的水资源问题逐渐得到控制，流域内的水资源平均用量也有所减少，在很大程度上缓解了水资源短缺所引发的环境问题。“Water Cap”实施前后墨累 – 达令河流域取水量变化情况如图 3-4 所示。

由图 3-4 可以看出，在经历“Water Cap”实施之初的增长之后，墨累 – 达令河流域取水得到有效的控制，2002 年出现转折，墨累 – 达令河流域取水量出现明显减少。在墨累 – 达令河流域中，新南威尔士州年度取水量最大，占墨累 – 达令河流域取水量和分水量的

54.1%，其次为维多利亚州占35.0%。南澳大利亚、昆士兰和首都领地三个行政区取水量所占的比例较小，分别为6.2%，4.4%和0.36%。“Water Cap”实施以来各州年度取水量情况见表3-10。

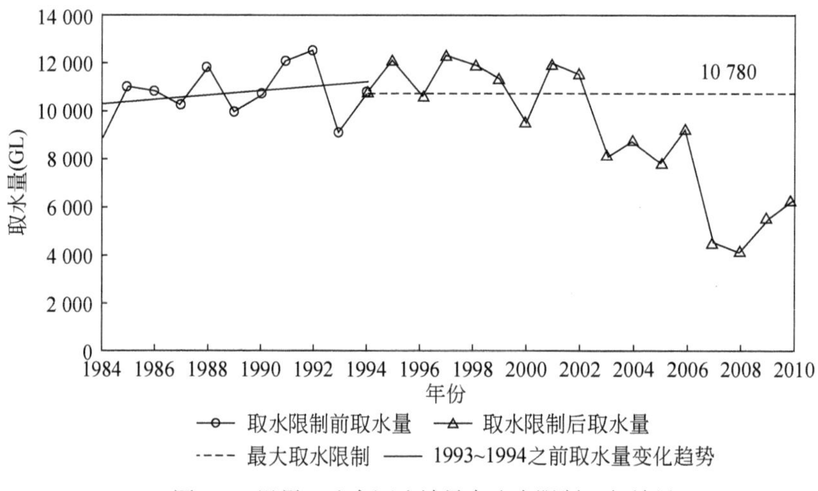

图3-4 墨累－达令河流域最大取水限制运行效果

表3-10 “Water Cap”实施之后各州取水量变化 （单位：GL）

年份	新南威尔士	维多利亚	南澳大利亚	昆士兰	首都领地	流域总计
1994	5 860	3 819	610	426	65	10 780
1995	6 462	4 823	638	176	32	12 131
1996	6 139	3 662	574	246	63	10 684
1997	7 115	4 106	580	467	30	12 298
1998	6 578	3 930	631	741	44	11 924
1999	6 350	3 730	669	608	23	11 380
2000	5 035	3 317	622	541	27	9 542
2001	7 148	3 491	662	688	34	12 023
2002	6 735	3 834	621	341	36	11 567
2003	4 132	2 993	751	212	40	8 128
2004	4 105	3 217	611	805	28	8 766
2005	3 666	3 137	623	392	27	7 845
2006	5 038	3 267	590	316	32	9 243
2007	1 466	1 556	423	1054	16	4 514

续表

年份	新南威尔士	维多利亚	南澳大利亚	昆士兰	首都领地	流域总计
2008	1 729	1 503	485	383	19	4 119
2009	1 979	1 809	480	1232	17	5 518
2010	3 283	1 136	361	1525	6	6 311

注：①资料来源于 1993 ~ 2011 年墨累 - 达令河流域水资源审计报告。

3.2.3 水交易市场

基于市场的水权交易是水资源配置的重要内容和手段，但由于水资源的自身特性和众多因素的影响，世界上水资源（水权）交易市场的发展并不迅速，澳大利亚目前已经建立了成熟的水市场，值得黄河流域进一步开展水权制度建设时借鉴。

随着用水量的增加，1994 年 2 月 25 日，澳大利亚政府委员会（Council of Australia Governments, COAG）制定了一个“水工业战略框架”，决定实行水权贸易、流域综合管理等水资源政策改革。在澳大利亚历史上只有少量水资源分配贸易或交易，而水资源改革政策的中心环节是水资源中可交易的财产权，并且使这一权利的交易与土地权利相分离。在维多利亚州，早期用水户申请取水和用水不论规模大小，州政府都批准给予其水权。随着水资源供需矛盾的增加，该州逐渐停止了这种做法。由于可授权的水量越来越少，在部分地区已经审批的授权水量甚至超过了可利用水量，新的用水户已经很难通过申请获得水权，该州州政府自 1980 年起开始实行水权拍卖。该州规定的水权转换，包括临时性转让和永久性转让、部分转让和全部转让、州内转让和跨州转让。水权转换的价格完全由市场决定，政府不进行干涉；转让人可以采取拍卖、招标或者其他认为合适的方式进行。到 20 世纪末，在该州北部已经形成固定的水权交易市场。通过水市场购买水权是新用户获得所需水量的有效途径，因节约用水而具有剩余水量的用户也可以通过转让获得收益。澳大利亚的水权交易方式可分为私下交易、通过经纪人交易和通过交易所交易三种。

水交易是指对可交易水权的购买和售卖，允许水资源在用户之间重新分配。如果用水户在所拥有水权之外需要更多水量，他们可以选择从其他拥有水权的用水户处购买，拥有多余水权的用水户也可以将水权转让给其他用户。

水权可以是暂时性水权或者永久性水权。用水户可以选择将水权在一定期限内出售，也可以选择永久转让，这也是墨累 - 达令河流域水权交易的一项规则。墨累 - 达令河流域水权交易市场的参与者包括：灌溉者、农民及其他用水户，灌溉工程管理者，环境保护组织，水权拥有者，中介机构等。公共资产管理者及州政府是水权交易市场的管理者，如墨累 - 达令河流域管理委员会、新威尔士州、南澳大利亚州等。

3.2.3.1 权利及其交易性

墨累－达令河流域最常见三类水权是：公共供水灌区的水权、个人从河流扬水或取水的许可、水管理机构拥有的公共水权。还有一些其他类型的水权，但部分不可交易。

（1）有调节工程河流的取水权

一个是大部分农业用水来自灌区农户所拥有的授权，这些权利记录在灌区水管理机构的等级系统，是永久性权利。水权具有较高的可靠性。另一个是在有调节工程河流上的私人取水许可，同样由调节工程供给，也具有高可靠性。它们一般期限是 15 年，但也可以许可其他期限或者没有限制的期限。

当水库需水足够时，绝大部分以上的两种基本权利都授予农户"额水"（sales water）。只有当年水量调度能够满足基本权利和可能的最小径流能满足来年的基本权利，才能提供"额水"。

"额水"经常是根据基本权利最大化配置（水权的 100%）的比例来提供。当基本权利被售出时，获得"额水"的权利也出售。只有本季节的"额水"配置可以在临时性交易市场单独交易。工业或生活、牲畜用水的许可不能获得"额水"，灌溉许可获得的"额水"比例低于水权。

（2）无调节工程流域的用户水权

农户从无调节工程的河流用水（除了其土地上溪流的生活、牲畜配额）必须有许可。这些许可通常是年度许可。许可可以是普遍的，"直接取水"许可允许在年内的任何时候取水，包括夏季或者"冬季填补"许可，允许在湿润季节（一般是 5 ~ 10 月）向水库蓄水。

（3）公共水权

公共水权由水管理机构拥有，还包括一些电力公司。公共水权是可交易的。农村水管理机构，有责任满足农户的水权，农户的这些水权构成了实际的可交易权利。当农户在不同的管理机构间交易时，两个管理结构的公共水权就会随之修改。

（4）特殊情形下的水权

1）地下水。地下水取水许可与地表水许可应用相同的法律条款。法律允许地下水许可交易，但必须限于相同含水层。在南维多利亚有少量交易。但地下水资源比地表水资源更难评估，而且与地表水相关，加上地下水资源通常是更新周期较长，因此引入交易更加谨慎。

2）排水。排水利用协议可以鼓励灌区水资源的重复使用，减少河道营养负荷。排水利用协议是一种不保障的水权，因为不能保证一定存在排水。目前，这部分水不能交易。

3）非消耗性用水。非消耗性用水水权拥有权利进行临时性取水，但是要求用户回归水量到河流。非消耗性用水的水权可以是许可（如渔场），也可以是公共水权或法律授予的权利（如水力发电）。这些权利基本上与消耗性权利不同，不能出售用于消耗性用水。但水力发电公司可以购买消耗权利用于其非消耗性用水。

4）环境用水。为保护河流及湿地生态健康，提供流量的途径有很多：最小和冲刷流量可以确定为公共水权或许可的条件；大流量可以通过对公共水权的取水总量和取水流量的限制得到保证。环境同样可以拥有取水权，如同灌溉者或城市水管理机构。

3.2.3.2 用水计量和审批程序

澳大利亚的州政府在水交易中起着非常重要的作用，包括提供基本的法律和法规框架，建立有效的产权和水权制度，保证水交易不会对第三方产生负面影响；建立用水和环境影响的科学与技术标准，规定环境流量；规定严格的监测制度并向社会公众发布信息；规范私营代理机构的权限。

（1）用水计量

计量设施由农村管理机构安装和维护，费用是水费的一部分。对从渠道或自流引水、有压管道供水地区，采用不同计量方式计量水量。

（2）审批程序

所有的交易须经过农村水管理机构的审批。永久性交易和临时性交易审批程序有所不同。

1）永久性交易。对于永久性水权交易，卖方申请表格必须由土地所有者签字，另外还需提供：①土地所有权证复印件；②卖方的法律声明，须列明该水权所属土地上所有权益人的姓名；③出售的广告复印件该广告必须在申请前至少四周在该区域发行的报纸上发布；④所有在该土地上的权益人签署的同意意见。

买方申请表格可由交易的水有关的土地所有者、占有者或租户签名，同时还需提供该土地的详细信息和已有的排水措施。一般管理者审查三类问题：水源（供水）问题、输送问题和地点问题。

2）临时性交易。与永久性水权交易相比，临时性水权交易要简单很多。对于卖方，水管理机构登记系统确认权利所有，无须土地权利确认等。但卖方的计量数据需要读取，要求其保证确实有谁可以出售。

对于买方，审批管理机构同样审查三个方面：供水可行性、灌区内输送能力和新地区用水的盐碱化或排水影响。

3.2.3.3 售水区限制和购水区规定

（1）售水区限制

交易规则制定了一个限制权利通过一个灌区快速流失的规定，规定了一个地区基础设施变化的速率和社区水权流失的最高速率，并给社区提供了支持，不会导致社区经济和社会发展在水权流失之后一夜之间崩溃。交易规则规定，从 7 月 1 日开始的任何一年内，当制定灌区的净售水量，超过了该地区水权总量的 2%，卖方管理机构有权拒绝交易。

（2）购水区规定

权利到新地区的规定包括水源和供水、输送和地点问题，主要是为了最小程度地减少交易对其他用水户和环境的影响。墨累－达令河流域水权交易规则对这些都做了详细规定，如考虑了水源之间的自然联系，水权的可靠性，管道和渠道的输送能力和损失，以及盐度和灌排带来的影响，所有这些都确保了交易的顺利进行。

3.2.3.4 水市场交易情况

最初墨累－达令河流域水权交易仅限于灌溉系统。然后，随着时间的推移，交易规则发生改变，水市场无论从范围和多样性上都发生了显著变化。目前，水权交易已经成为墨累－达令河流域鼓励低效益生产将灌溉用水交易给高经济效益生产中的一种方式，水权交易已经是墨累－达令河流域水管理的重要组成部分。

在水权交易范围方面，澳大利亚水权交易规定，核心环境配水及为生态系统健康、水质和依赖地下水的生态系统的保留用水不得交易。一些家庭人畜用水、城镇供水及多数地下水不可交易。地表水水权允许在流域内、流域间、州内及跨州交易，地下水权的交易一般只能在共同的含水层内进行。

州内临时交易作为永久稳定的交易方式是工业部门开展水交易的主要途径。水交易市场通过交易价格和可供水量等市场信息，为公众提供透明、公开的交易过程，使买方和卖方在价格上达成协议后进行交易。个体之间进行交易也可以不需要交易市场，如在新南威尔士州有几宗水交易是在互联网上进行的。水交易市场独立于州政府机构进行管理，保证了市场运营的顺畅。透明的水市场机制有助于购买者和销售者对水的使用做出最佳决策，为进行现金贸易提供了机会。在此期间，州内水临时交易价格在一定区间内变化，价格变化主要取决于水权拥有者提供水的可靠性（高或一般），供水期内价格的变化同样受到一定的分配定额、作物生长期及特殊作物在市场条件下的价值等因素的影响。州内永久贸易的价格也在一定范围内，其变化取决于当地种植的作物和水交易前可供水量的情况。由于操作和环境方面的原因，对所有形式的交易都有一些约束条件。对州内临时交易，将受到供水系统容量和不同灌区含盐度准则的限制。

无论是临时交易还是永久交易或者是租赁，水市场都需要一定的市场规则约束和规范交易行为。澳大利亚是采用政府的政策法规与买卖双方合同相结合的方法来实现水市场交易，在水法规中都对水权交易程序和买卖合同中的有关内容做出了详尽的规定，水权交易必须考虑社会、经济和环境的要求。第一，水权交易必须以对河流的生态可持续性和对其他用户的影响最小为原则，生态和环境用水必须得到保证，同时供水系统的供水能力和不同灌区的盐碱化程度控制标准是进行水权交易的约束条件。第二，水权交易必须有信息透明的水权交易市场，尤其是价格的公开，为买卖双方或者潜在的买卖双方提供可能的水权交易的价格和买卖机会。第三，水权交易由买卖双方在谈判基础上签订合同，水权交易既可以在个体之间进行，也可以在企业之间或企业与个人之间进行，水权交易还可以在不同行业之间和不同区之间进行，但是交易的费用必须符合有关的法律法规。第四，对于永久交易，必须由买卖双方向上级水管理机构提出申请，并附相应的评价报告，由专门的咨询机构做出综合评价，在媒体上发布水权永久转让的信息，最终由上级水管理机构重新向买方颁发取水许可证，同时取消卖方的取用水许可证。

在水权转换的价格方面，一般而言，目前国外各国家主要通过水权交易登记的制度来管理水权交易，而很少直接干涉水权交易的价格。水权价格主要根据市场行情、交易带来的潜在收益及当地的具体特点，在集中竞价中由买卖双方自己报价，根据时间优先、价格优先的原则协商确定。水权价格受多重因素的影响，统一定价在水权交易中既不符合市场规则，也不现实。澳大利亚水权转换的价格完全由市场决定，政府不进行干预，转让人可采取拍卖、招标或者其他认为合适的方式。

水权交易也会影响流域的最大用水限制（the Cap），但永久交易和临时交易对最大用水限制的影响不同。对永久交易而言，水权仍归销售水权者所有，但使用水量的权利则归购买者，水权交易的发生会降低销售水权者所在区域的最大用水限制，提高购买者所在区域的最大用水量。而对临时交易来说，水权交易仅改变当年区域的最大用水限制。此外，水权交易的影响是一对一的，交易仅对进行交易的双方所在区域最大用水限制量产生影响，如在州内部进行交易时，不会改变本州的最大用水限制；在州际进行交易时，仅影响两个交易州的最大用水限制，且州际的交易必须得到两个州水权管理当局的批准，交易的限制条件包括保护环境和保证其他取水者受到的影响达到最小。墨累－达令河流域委员会还会根据交易情况调整各州的水分配封顶线即最大用水限制，以保证整个流域的取水量没有增加，也就是会说以上水权交易行为不会改变整个流域的最大用水限制。澳大利亚州政府在水权交易中起着非常重要的作用，包括：①提供基本法律和法规框架，建立有效的产权和水权制度，保证水交易不会对第三方产生负面影响；②建立用水和环境影响的科学与技术标准，规定环境流量；③规定严格的监测制度并向广大社区发布信息；④规范私营代理机构的权限；⑤承认选择是否进行水交易的自由；⑥促进对社区有明显效益的水交易；⑦维持资源的供给，保证优先顺序的灵活性，处理不断出现的各种新问题等。澳大利亚维多利亚州水权分配如图 3-5 所示。

近年来，墨累－达令河流域水交易量也增长迅速，2010 ~ 2011 水文年通过网络方式进行交易的水权情况见表 3-11。

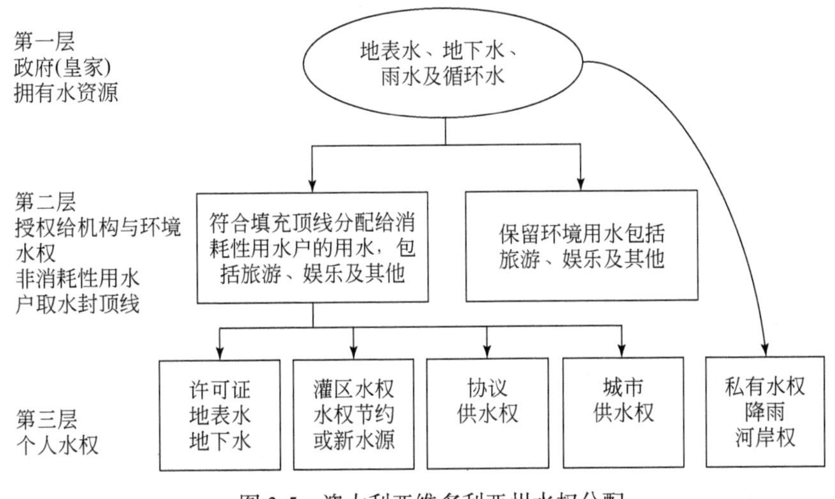

图 3-5　澳大利亚维多利亚州水权分配

表 3-11　墨累－达令河流域 2010 ~ 2011 水文年网络方式水权交易情况　（单位：GL）

州及流域	州内水权交易		州际水权交易			
	州内永久售出水权交易量	州内临时售出水权交易量	网络标记购买水权交易量	临时购买水权交易量	前期永久水权交易对本年度最大用水限制的调整量	按本年度最大用水限制调整后的水权交易量
新南威尔士州	193	1462	4	-91	-2	-89
维多利亚州	333	812	0	225	-35	190
南澳大利亚州	0	0	0	-157	32	-125
昆士兰州	31	42	-4	23	0	20
全流域	557	2316	0	0	-5	-5

备注：资料来源于 2010 ~ 2011 年 MDBA *Water Audit Monitoring Report*。

3.3　流域水量分配和水市场比较与借鉴

3.3.1　完善初始水权的法律和制度体系

初始水权是政府部门在可利用水资源范围内，为获得经济社会和谐发展，第一次分配到下级行政区域和用水户的基本用水量。水权明晰实际上就是水资源产权的明晰，而水资源产权明晰是市场运行的基本条件。

国务院 1987 年颁布实施的《黄河可供水量分配方案》，即“87 分水方案”事实上划分了黄河流域各省区的初始水权，可以说流域层面的水量分配制度已经建立起来。2008 年，黄河流域各省区根据“87 分水方案”对省区总量指标细化到各个地市，并提出细分到干支流的分水量方案。取水许可制度是黄河流域对水资源使用权进行管理的一项制度，黄委依据“87 分水方案”对行政区域地表水取水采用总量许可控制，取水许可制度的实施使黄河用水户中的依法获得了取用水权。对无余留黄河取水许可水量指标的行政区域，其新建、改建、扩建建设项目的取水指标通过节约用水或水权转让方式获得。

墨累－达令河流域以法律和制度形式清晰水权，包括永久性水权和临时性水权及两者的清晰关系，不断完善流域水资源管理法律体系。早在 1914 年澳大利亚联邦政府和新南威尔士州政府维多利亚州政府以及南澳大利亚州政府共同签署了《墨累河水协议》，开启了墨累河干流水资源分配和调控的法制化建设，保证了下游南澳洲有最低限度的水流，1987 年联邦政府和三个州政府正式签署了《墨累－达令河流域协议》，代替之前的《墨累河水协议》。为了解决墨累－达令河流域严重的水资源紧张问题，之后联邦政府及流域各州之间经过长期磋商，形成了目前由 1992 年《墨累－达令河流域协议》、联邦《2007 年水法》、2008 年《关于墨累－达令河流域改革的政府间协议》和 2012 年《墨累－达令河流域规划》为主体的墨累－达令河流域水资源管理法律体系。

黄河流域初始水权分配。国务院 1987 年颁布实施《黄河可供水量分配方案》是中央政府关于黄河流域初始水权分配的具有法律意义的文件，以及国务院组成部门后续出台的系列文件，共同明确了黄河流域初始水权的分配方案，初步建立了黄河流域初始水权分配的法律框架。应该看到，目前黄河流域（乃至中国）的水权制度和法律正在构建中，应在现有取水许可制度的基础上，加以扩展和完善，尽快形成适用于黄河流域的水权制度体系，依法调整和规范黄河治理开发与管理中各方面的关系，明确划分黄河流域管理机构、沿黄地方政府及有关行业部门等各方在水量调度、节水管理、水费征收等方面的具体事权，完善黄河水量分配、调度及监管等各项制度，建立流域统一管理与行政区域管理相结合的法律制度。

3.3.2 制定操作性强的调度管理细则

合理的水量调度是优化配水过程，满足流域用水需求、支撑经济社会发展的客观要求，也是提供河流生态环境水量过程、维持河流健康生命的重要手段。

20 世纪 90 年代，由于来水不足和上游用水量增长黄河下游连续断流，为缓解黄河流域水资源供需矛盾和黄河下游断流形势，经国务院批准，1998 年 12 月，国家发展计划委员会、水利部联合颁布实施了《黄河可供水量年度分配及干流水量调度方案》和《黄河水量调度管理办法》，授权水利部黄河水利委员会统一管理和调度黄河水资源。根据《中华人民共和国水法》制定了《黄河水量调度条例》，于 2006 年 8 月颁布实施，并根据《黄河水量调度条例》于 2007 年 11 月 20 日颁布实施了《黄河水量调度条例实施细则（试行）》，进一步完善了水量调度的分配和管理制度。黄河流域经过近 15 年的摸索，逐渐形成一套科学的调度模式包括：调度前会商、制定年度调度预案、年中修订、年中评估等全过程的调度管理办法，干、支流统一调度、地表水与地下水联合调度的方案，以及墒情与水量调度耦合、多水库联合调度、水量与水环境一体化调度、仿真调度、智能调度等具有多功能、方便快捷的调度平台，实现了黄河连续 15 年不断流的骄人成绩。

澳大利亚属于联邦制国家，有联邦、州和地方三级政府。在墨累 - 达令河流域，各州负责具体的水资源管理，且与用户直接建立联系。墨累 - 达令河调度联邦政府根据河流流量，统一负责水权分配和水资源管理，在墨累 - 达令协议基础之上制定流域计划，设定水质指标，建立统一的水权交易制度。水量调度建立了国家层面的流域管理独立机构，可以优先考虑国家利益和流域整体利益，能清晰地反映环境需求，重大决策易通过，各州间合作得到进一步加强。

在水量调度方面，墨累 - 达令河流域通过强化流域统一管理，建立水权交易制度，实现流域各州在水资源调度层面的共同行动。黄河流域通过实施河流水量统一调度，制定完善的水量调度细则、预案和办法，并加强水量调度的科技支撑，形成了一套精细的河流水量调度管理办法，对缺水流域水量调度具有普遍的借鉴意义。

3.3.3 建立制度完善、运行灵活的水市场

制度健全为水市场发展和完善提供了保障。对一个水市场来讲，其中的三个基本要素是水权明晰、监测计量系统完善、制度完善。在此基础上，一个成功和规范的水市场的要求是管理规范、总量控制、交易成本小等。

目前，黄河流域在水权转换上颁布了《黄河水权转换管理实施办法（试行）》《黄河水权转换节水工程核验办法（试行）》等办法，水利部在水权转换工作方面也有若干意见，水权转换的试点宁夏回族自治区、内蒙古自治区依据《黄河水权转换管理实施办法（试行）》制定出台的地方性法规和规范性文件。这些制度的制定在一定程度上保障了目前水权转换试点工作的顺利进行。在水利部、黄委的统一管理下，黄河水权转换的管理体系规范了地方政府、水权出让方、水权受让方的水权转换行为。当前水权转换是对工程措施所节约的水量（主要指渠系）进行的转换，是省级行政区域内部进行，水权转换重点是农业水权向工业水权的转换，水权转换是政府调控、监管的准水市场。2005 年开展的内蒙古鄂尔多斯市水权转让试点，在黄河南岸灌区实施水权转换，在内蒙古自治区和鄂尔多斯市组织下，当地 13 家企业出资对黄河南岸灌区渠系进行防渗衬砌，通过农业用水节水的方式，将节约水量转让给工业，转换水量为 1.3 亿 m^3 支持了工业发展。

墨累－达令河流域在水权交易中州政府起的作用非常重要，主要措施包括：①制定基本的法律和法规框架，建立有效的产权和水权制度，保证水权交易不会对第三方产生负面影响；②建立用水和环境影响的科学与技术标准，规定环境流量；③规定严格的监测制度并向社会公众发布信息；④规范私营代理机构的权限。

经过近些年的发展，黄河流域水市场建设和交易取得了较大进步，支持了黄河流域工业的快速发展、提高了黄河流域用水效率。但目前，黄河流域内不同省级行政区之间、同一省级行政区内不同地区之间的水权交易、生产用水和生态用水的水权交易、短期或者应急性的水权交易等均处于理论研究探索阶段，流域层面及省级层面的水市场交易机制尚未建立。从完善的水市场和灵活的水权交易要求来看，黄河流域水权市场制度建设和市场交易机制还有待完善。首先，应尽快建立流域、省区、地市（县）分级水市场，形成黄河流域内形成自由流动的水市场；其次，制定交易规则，建立能反映水资源稀缺性的水价制度，完善水价形成机制；最后，明确政府及其水行政主管部门的监管职责，加强水市场的宏观管理和引导。

3.3.4 构建水权转换补偿机制

水权转换是一个庞大的系统工程，会涉及或影响到许多方的利益，完善对相关利益方补偿机制是保障水权转换持续发展的重要方面。

澳大利亚是一个完全市场化的国家，水权的转换等交易完全由市场决定和定价，因此基本可体现水资源的价值。在水权转换方面，联邦政府拿出 120 亿澳元，用于规划制定、机构建设、工程建设和水权购买等措施。2007 年以来，联邦政府已经多次从一些灌区农场主手上回购水权，一方面优先用于河流和湿地的生态用水，保障墨累－达令河流域环境流量；另一方面也再次出售，让水资源投入到更加节水的农业上，推进墨累－达令河流域水权管理市场化发展。

经水利部批准从 2003 年开始，黄委负责牵头组织在宁夏、内蒙古开展水权转换的试点工作，在政府部门主导下水权出让方和受让方按照协商、自愿的原则双方签订水权转换协议。2003 年开展黄河水权转换试点以来，黄委和宁夏回族自治区、内蒙古自治区政府及水利厅在水权转换的宏观调控方面开展了积极的实践，明确提出水权转换的期限为 25 年，明确了水权转换费用构成和费用测算办法、水权转换节水量计算方法及节水量与可转换水量之间的关系等。企业、灌区管理单位和农民用水户作为水权转换的利益方也积极参与到水权转换的实践中。“点对点”的水权转换模式，工业项目出资方明晰投资规模与节水量的关系，受让企业出资近 30 亿元，完成渠系全面防渗，使灌区水利用系数得到显著提高，灌溉时间缩短，灌溉引水量减少，从而使灌区群众在获得农作物丰收的同时，减少了水费支出。通过水权转换，内蒙古自治区企业获得 2.711 亿 m^3 转换水量，宁夏回族自治区也获得转换水量 3.3 亿 m^3。

黄河水权转换的实践尽管取得一定的成效，但还存在一些问题需要在水权转换实践中进一步探索完善。尽快建立补偿制度。水权一般是从用水效率低、用水效益不高的行业转向用水效率和效益高的行业，如农业向工业的水权转换，水价并非是有市场决定不能完全体现水资源的价值，因此不利于激发水权转换的动力，如不能很好地处理将阻碍水权的正常流转。当前的关键是探索合理的补偿核算方法，需要针对不同的水权转换类型，对受影响的相关利益方进行识别，确定被影响对象的影响程度，定量估算造成的损失，并提出补偿方案。

3.3.5 加强流域取用水的计量和监管

完善的监测计量系统是实现流域水资源合理配置、严格管理的基本条件，也是市场建设的基本支撑条件。

黄河流域水权转换过程中也在不断探索如何建立相应的监测系统，如在省际断面、干流主要取水口、供水系统、地下水、生态环境、排污口等方面布设了监测站网，并基于这些基础信息建立了监测系统。

墨累－达令河流域水资源规划详细制定了规划落实和监测计量措施，有效地促进了规划执行的监督，实际上为规划的落实建立了监测指标体系。同时，还建立了规划的报告制度，即定期报告规划的执行和落实情况，更进一步加强了对规划执行和落实的监督。

虽然在近几年，黄河流域的监测计量水平得到较大提升，初步建立了黄河干流的监测网络，但从监测手段和设施方面与墨累－达令河流域还存在一定差距，主要问题表现在：①站网布设不完善，计量监测误差较大；②测验设施和设备落后，巡测次数少，测验精度低；③数据采集、传输和处理手段落后等。此外，黄河流域水资源监测点的布设主要集中在干流，许多重要支流或主要取水口还没有设置站点，在一定程度上助长了水资源的过度开采和使用，不利于实施最严格水资源管理制度和流域“三条红线”指标细化工作的推进。因此，需要完善遍布全流域的监测数据采集、计量、传输、处理等，构建完善的监测、计量体系。

3.3.6 开展广泛的公众参与模式

利益相关者和公众的参与对提高流域管理决策的科学性、增强透明度是十分必要。

墨累－达令河流域的水资源管理建立了明确的公众咨询程序，促进了公众参与：①在制定水市场规则的程序中，墨累－达令河流域管理委员会必须征求公众对规划草案或修改草案的意见并保证公众有充足的时间和获得有关资料的条件；②在基本信息公开方面，要求气象部门必须公布和公开流域的水量状况与水情信息；③水权转换交易方面，所有水权交易信息必须登记，而且登记簿必须具有共享性、公众可查阅性和可靠性，反映整个流域的状况，符合国家水资源行动计划的要求；④在重大决策之前，如决定对有关最大取水量进行调整时，必须将决定草案予以公布并说明理由，征求公众意见且征求时间不得少于1个月。

公众参与方面，黄河流域水量分配和管理的主要规定和做法包括：加强取水许可的社会监督，作为黄河流域管理机构黄委每年年初公示，向社会公告其上一年度新发、变更取水许可证及注销和吊销取水许可证的情况，让公众监督取水许可的管理。黄委每年向社会发布年度《黄河水资源公报》，公布各省级行政区从黄河的取水量和耗水量。目前黄河水量调度建立了具有广泛参与基础的利益相关方的协调协商机制，每年固定召开年度黄河水量调度工作会和上、下游分河段水量调度协商会，有时还会根据需要召开临时性的协商会议。

不可否认，黄河流域水资源在信息公开方面已经取得了一些进展，保证了公众的知情权，但在公众的管理参与权方面还存在较大的差距。下一步应注重和保障公众参与权，首先要在进一步保障知情权（公开资料信息、提供查阅便利、允许公众旁听会议等）的基础上，加强推进公众实际参与权，征求公众意见时，有关机构组成中必须有来自社会各界的代表，提高公众的参与机会权，为参与提供比较充足的时间。

第 4 章　墨累 - 达令河流域综合管理决策方法与策略研究

4.1　水资源一体化管理概述

4.1.1　流域水资源一体化管理的发展

水、空气、土地对人类至关重要（水利部黄河水利委员会，2010）。土地退化、荒漠化、空气污染、洪涝灾害、温室效应等全球范围的环境问题日益困扰人类，人口增长、经济活动和不同用户用水的竞争使水资源面临的压力越来越大。1968 年，欧洲议会通过了《欧洲水宪章》，提出水资源管理应以自然流域为基础，应建立流域水资源管理机构。1987 年，世界环境与发展委员会在《我们的共同未来》这份报告中提出可持续发展概念，之后一部分水利工作者及政府官员便围绕可持续发展这一主题开始了对水资源一体化管理（integrated water resources management，IWRM）工作的探索，以期实现水资源的可持续利用。1992 年，在都柏林举行的水与环境大会提出了《都柏林宣言》，推荐水资源综合管理模式；1992 年，在里约热内卢召开的联合国环境与发展大会通过了《21 世纪议程》，全面阐述了流域水资源管理的目标和任务，并对 IWRM 进行了专门的阐述，建议各国对此模式进行应用和推广（薛松贵等，2013）。此次会议指出：应从维持自然和生态系统所需的水资源、保护和恢复脆弱环境的生态完整性出发，提高水资源利用的公平和效率，以综合与全面的方式协调管理水量和水质、地表水和地下水；要发展适应水资源系统管理的新技术、新概念和新思想[①]。1992 年，世界银行在年度报告中指出：水是一种越来越稀缺的资源，需要非常谨慎的经济和环境政策；水资源情况还在不断恶化；新的挑战需要寻找新的方法[②]。次年，世界银行又出版了水资源管理政策文件，其核心内容之一是：采纳了将水作为一种经济商品，必须对它进行综合管理的框架。1996 年，全球水伙伴（Global Water Partnership，GWP）成立，这是一个向所有从事水资源管理机构开放的国际非政府网络组织，其使命是支持不同国家对水资源进行可持续管理，包括：①建立和加强信息交流及经验共享机制；②与各国政府部门及已有的机构协作，推进新的合作活动，支持水资

① 资料来源于《黄河水资源公报》（1998 ~ 2010 年）。
② 引自《黄河水量统一调度效果评估报告》。

源的一体化管理；③采取先进与有效的解决水资源一体化管理共同问题的措施等。目前，全球水伙伴已建立了全球性、地区性和国家性的论坛，广泛地开展了水资源可持续开发利用和管理的宣传和交流活动，有力地促进了水资源一体化管理的发展。2003 年 3 月，在第三届世界水论坛和部长级会议上，对水资源一体化管理与流域管理进行了专题讨论，集中了全世界最有影响力的流域管理的新方法和新理念。也是在此次会议上，中国水利部部长汪恕诚指出："水以流域为单元，地表水和地下水相互转化，上下游、左右岸、干支流之间的开发利用相互影响，水量与水质相互依存，水的开发利用各环节紧密联系。要坚持推进流域水资源统一管理、统一规划、统一调度，积极探索城乡地表水与地下水、水量与水质统一管理"。2005 年，第二届黄河国际论坛的召开，更是为探讨流域水资源的一体化管理提供了一个良好的平台。所有这些，对促进水资源的一体化管理发展都具有十分重要的意义。

4.1.2 一体化管理内涵

水资源一体化管理理念，是在《都柏林宣言》和 1992 年在里约热内卢召开的联合国环境与发展大会通过的《21 世纪议程》的精神指导下提出的。它的表述如下：水资源一体化管理，是以公平的方式，在不损害重要生态系统可持续性的条件下，促进水、土及相关资源的协调开发和管理，以使经济和社会财富最大化的过程。简言之，就是在经济发展（economy）、社会公平（equity）和环境保护（environment）这 3E 间寻求平衡。其中，"经济和社会财富的最大化"的核心是提高水资源的利用效率。社会公平的目标是保障所有人都能获得生存所需要的足量的、安全的饮用水的基本权利，特别要关注贫困人口的饮水安全问题。"不损害重要生态系统可持续性"的原则，主要是确定河流的开发的限度，充分考虑维护河流的健康和可持续性（薛松贵，2013）。

IWRM 是在经济和社会福利的公平、不损害生态系统可持续性的基础上，管理水、土地和相关资源的过程（王浩等，2009），具有可持续性（sustainable）、适应性（adaptive）、综合性（integrated）、有效性（efficient）、合理性（rationality）5 个主要特点。IWRM 需要考虑环境、社会经济发展、水用户等因素，特别是它们之间的联系，IWRM 与这些因素的关系可用图 4-1（水利部黄河水利委员会，2008a）简单表示。

国外学者 Blackmore（2003）认为，水资源一体化管理就是要了解社区的要求，如何保护环境，并且管理好水资源，有效地实现目标。Peter 认为，水资源一体化管理是一个战略性规划体系，需要公平地分配水资源，在不同的相互竞争的用水户之间分配水资源，保障可持续发展（水利部黄河水利委员会，2008b）。Thomas 认为，水资源一体化管理是一种水资源管理的可持续方法，该方法将水资源的多维特征——时间、空间、多学科（科学、技术）及利益相关者（管理者、用户、提供者、相关人员）融合到一起，并对这些维数从整体上进行描述、关联和全盘考虑，以期获得可持续的解决方案[①]。

① 引自 *Water Audit Monitoring Report* 2010-11

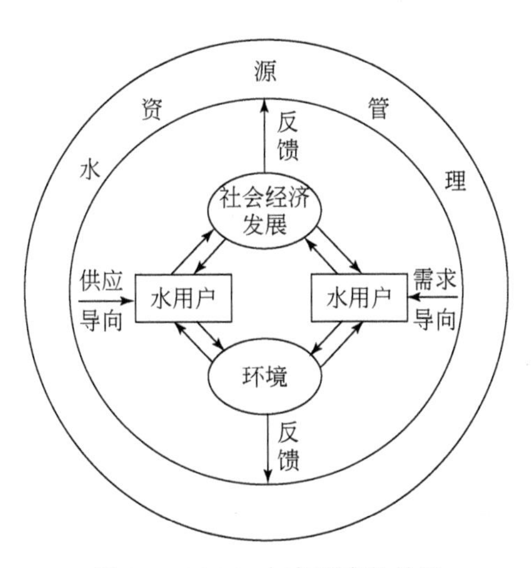

图 4-1　IWRM 与各因素的关系

在国内，还很少有流域水资源一体化管理的定义，但许多学者对其相关定义进行了探讨（沈大军和孙雪涛，2010；王西琴等，2010；王新功等，2011）①，表 4-1 列出了其中的几种观点。

表 4-1　国内学者对流域水资源一体化管理的相关看法

学者	相关定义	主要观点
阮本清等	流域水资源管理	将流域的上、中、下游，左、右岸，干流与支流，水质和水量，地下水和地表水，治理、开发和保护等作为一个完整的系统，将除害与兴利结合起来，按流域进行协调和统一调度的管理
曾维华等	流域水资源集成管理	将流域水资源开发、利用与保护分解到各个部门和一些私有化公司管理，由流域水资源管理委员会统一协调，将各方需求集中起来，平衡权益与利益，通过磋商、仲裁缓解各方矛盾，形成各方满意的全局优化方案，其核心是冲突分析，故亦称为流域水资源冲突管理
冯尚友	水资源可持续利用管理	为支持实现可持续发展战略目标，在水资源及水环境的开发、治理、保护、利用过程中，所进行的统筹规划、政策指导、技术评价、组织实施、协调控制、监督检查等一系列规范活动的总称
杨桂山等	流域水资源综合管理	是以流域为管理单元，在政府、企业和公众等共同参与下，应用行政、市场、法律手段，对流域内资源实行协调的、有计划的、可持续的管理，促进流域公共福利最大化

世界银行认为，水资源一体化管理就是确保在水资源的管理与开发过程中，把社会、经济、环境及技术维数都考虑在内。全球水伙伴认为，水资源一体化管理是以公平的方式，在不损害重要生态系统可持续的条件下，促进水、土及相关资源的协调开发和管理，以使经济和社会财富最大化的过程（陈丽晖等，2000）。

虽然水资源一体化尚没有一个明确且广为大家所接受的定义，但从以上观点可以看出，水资源一体化管理应具备以下特点。

1）人类的生存空间系统（涉及自然、生态、环境、经济与社会）是一个复杂的巨系统，

① 引自 *Basin Plan-Nov* 2012；http://www. mdba. gov. au./what.we-do/basin-plan

这个系统的可持续运行与发展要求各个子系统协调发展，而水资源一体化管理正是各个系统协调发展的结果，符合可持续发展理念。

2）水资源一体化管理涉及水、土等相关资源。

3）要实施水资源一体化管理，必定涉及诸多利益相关者（政策制定者、管理者、用户及潜在受影响者），因此，它是一个多方参与以不断解决各种可能冲突的管理过程。

4）要做到水资源一体化管理，需要使用多种方法和手段。

因此，水资源一体化管理是在一定的实施环境下，建立健全有效的组织结构与运行机制，运用行政、市场、法律及技术手段，对水及相关资源进行科学管理，以促进经济、社会与生态环境的可持续发展，最优化社会公平与经济效率的过程。

4.2 一体化宏观决策

4.2.1 流域一体化管理发展过程

墨累－达令河流域是 180 万澳大利亚人的家园，该流域内有许多重要的文化圣地、丰富的景观和环境，生物多样性丰富。该流域早期的开发是关于灌溉供水，开辟新城镇，以及通过各种水闸和塘堰的建设建立航运。20 世纪 20 ~ 70 年代，各州几乎毫无控制地修建大坝，水库容量从 50 亿 m^3 增加到 300 亿 m^3，增加了 6 倍。随着蓄水的增加，用于灌溉的年份流量随着蓄水的增加快速增长，从 1920 年的 20 亿 m^3，增加到 90 年代早期大约 105 亿 m^3。随着经济的发展，工业的不断扩大，水的需求不断增加。这些引起河流径流减少，以及整个流域的变化，对河流健康与环境产生重大的影响，使流域面临多方面的威胁。随着流域问题的恶化，墨累－达令河流域的开发和管理也逐渐演进与完善，其一体化管理的方式也逐渐形成。

（1）以协调流域水资源利用为主的一元目标管理阶段

1915 年，联邦、新南威尔士、南澳大利亚和维多利亚州政府共同制定了河流管理和水分配的协议，即《墨累河水协议》。为执行该协议，1917 年创建了墨累河委员会，其主要优先权是建设水库、塘堰和水闸，确保墨累河的水资源分配、节约利用和开发、安全供水。从墨累河委员会创建开始，到 1980 年前后，墨累－达令河流域管理主要以协调流域水资源利用为主，且管理区域主要集中在墨累河。

这一阶段墨累－达令河流域管理采取的主要措施包括：一是在墨累河、达令河上建起大量闸坝，调节控制水量。到 1978 年，墨累河的水库容量增加到 18 000m^3，达令河增加到 6000m^3 以上。二是在戈耶德线（划定了南澳大利亚雨水充沛，适合农作物的土地范围，以北为灌木荒漠地带，不适宜农业开发）以北建立起了灌溉系统，把墨累河水引到新兴的农场中，最大限度地服务于灌溉农业。三是从 1949 ~ 1974 年建设了雪河—墨累河跨流域调水工程。雪河流域位于澳大利亚东南部大分水岭的东侧，在墨累河上游以东，年平均径流大。通过这项工程年调入墨累河水量为 9.9 亿 m^3，部分缓解了墨累河流域水资源紧缺状况。

然而，本阶段对进一步开发和日益繁荣的信心胜过任何所看到的经济、社会或环境的代价。这一期间流域水资源的过度消耗超出了自然承受能力，墨累河的水位很快就开始下降，大量湿地被破坏，土壤含盐量急剧增加，令大片土地不再适于耕种。改变流域管理方式，迫在眉睫。

（2）以水资源 – 水环境 – 生态保护为主的多元综合管理阶段

墨累河委员会的主要任务仍停留在水量方面。20 世纪 60 年代末，墨累河委员会执行的一项详细的墨累河谷盐度调查项目已极大地促进墨累河委员会的职能拓宽，而且越来越明确地需要一种好的整体流域管理方法。1982 年在认识水管理应当围绕水质的事实上扩展了墨累河委员会的职能。1984 年对协议进行补充，提高了墨累河委员会在环境方面的职能，反映在社区对盐度的关注，对流域整体管理方法的需求，以及流域的自然资源管理要求协调所有相关政府的行动。最重要的变化是，第一次每个州不得不将任何可能影响墨累河水量和水质的开发建议提交给委员会。这最终导致 1985 年墨累 – 达令河流域内阁取代了墨累河委员会，其支持下的 MDBC 负责规划和协调整个流域的自然资源管理项目。1987 年，联邦、新南威尔士、南澳大利亚、维多利亚州政府签订了《墨累 – 达令河流域协议》。1992 年，昆士兰州参加了墨累 – 达令河流域内阁和 MDBC，从而使墨累 – 达令河流域在地理上完整。在墨累 – 达令河流域内阁的指导下，MDBC 已成功地引入了《墨累 – 达令河流域行动计划》（*Murray-Darling Basin Initiative*），覆盖面积为 100 多万 km^2，是世界上最大的整体流域管理项目。考虑全流域规划，使需求从所有地区公平获取资源转变为更高的需求战略，从单一项目开发和战略的实施转变为更大尺度的整体流域管理规划。

这一阶段，MDBC 采取了一系列政策措施，包括：土地关爱计划（以社区为单元，农民自己组成土地关爱小组，从事生态恢复计划，资金的 50% 由联邦政府提供，50% 由农户自筹）、盐碱化治理战略（规定了各州所承担的减轻河水含盐浓度的任务，引入了排盐信用概念，规定如果一州超额减少了所排盐分，该州就可以得到排盐信用，该信用既可以用于治理本州内的盐碱化土地，也可出售给其他州）、墨累 – 达令河流域行动（囊括了土地、水和其他环境资源在内的自然系统改善措施，由各州、首都领地和联邦政府及社区咨询委员会共同实施）、自然资源管理战略和行动计划（改善水环境，增加河流流量，革新水资源和植物资源的管理和利用方式，协调解决盐碱化和河流中蓝藻暴发等问题，由墨累 – 达令河流域部长理事会制定并实施）、墨累 – 达令河流域综合管理战略（在自然资源管理战略基础上，将河流、生态系统与流域健康作为主要目标，进一步明确管理措施、机制、监测、评估与报告制度及职责分工、投资等具体安排）、水权交易政策（1989 年开始，改革水量分配办法，允许各州将未用完的水份额转入下一年度，同时，将水权和土地权利分开，建立水权市场，允许自由交易，农民可根据自己的需要，确定出售或购买水权）、取水限额政策（1997 年 7 月起，正式实施的以控制用水为主的水改革）。

这一阶段的综合管理有三方面特点：一是建立起河流生态系统整体控制的理念，综合考虑上下游、水量、水质、土壤和自然系统的相互关系，合理开发和保护；二是强调社区广泛参与，政府和社区间建立起真正伙伴关系，为全流域共同利益加强合作；三是引入市场经济政策，建立起水权交易框架，强化节水意识，提高水利用效率，减缓水质恶化和自然生态系统的退化。

（3）以环境利益和国家利益优先的综合管理新阶段

鉴于墨累－达令河流域内很多河水断流、生态系统濒临崩溃的现状，大家意识到流域管理各自为政、以邻为壑的局面难以为继，联邦政府的权利和义务必须加强。各州将部分权力让渡给联邦政府（维多利亚州反对），包括州际水权分配、水权交易、工程建设等，联邦政府建立环境流量控制机制，从环境流量角度分配各州用水量；同时，联邦政府拿出120亿澳元，用于规划制定、机构建设、工程建设和水权购买等措施。2007年以来，联邦政府已经多次从一些灌区农场主手上回购水权，一方面优先用于河流和湿地的生态用水，保障流域环境流量；另一方面再次出售，让水资源投入到更加节水的农业上，推进流域水权管理市场化发展。2009年开始，墨累－达令河流域管理局着手编制综合和可持续的全流域水环境管理战略规划。规划核心内容是以流域整体生态环境可持续发展为原则，提出地表水和地下水量开采使用的分水限制，而不是根据各州生产发展需要来限制或分配水资源。2012年11月，《墨累－达令河流域规划》颁布实施。新的流域规划是一个单一的、协调一致的、完整的流域水资源规划，可持续的引水限制、环境用水规划、水质管理和盐度管理计划，以及保障人的基本用水需求，都应被包括在其中，为流域水资源管理提供了新的基础。

这一阶段的特点突出体现在强调国家利益和流域环境利益优先，各州利益要服从于整体利益。但是实践中出现了联邦政府和州政府对立、农民和政府对立等现象。因此，墨累－达令河流域管理还需在国家利益和各州利益、环境保护和社会经济发展间进一步寻求平衡点。

4.2.2 流域一体化管理策略制定

墨累－达令河流域是澳大利亚最大的流域，也是世界上最大的流域之一。墨累－达令河流域一体化管理面临的问题主要有以下四个方面：一是水资源严重短缺。澳大利亚气候较极端，旱季和雨季交替，且降水量不断下降，目前只是1911年的1/3。从1996年起连续15年干旱，给社会经济发展和人民生活带来巨大压力。目前墨累－达令河流域径流总量只有56.8亿m^3（多年平均为236亿m^3），仅占全国的6%，入海口基本断流。二是水资源利用矛盾突出。主要表现在自然降水、州际分配、产业利用三方面均不平衡。流域降水不均匀，东南边雨水多，西部则干旱。19世纪澳大利亚建立联邦前，上下游各州就因墨累河水量分配发生冲突，进入20世纪，随着人口激增和工农业发展，水资源开发利用矛盾更加突出。与此同时，种植业、畜牧业、渔业、林业、矿业、工业、旅游业等不同产业间用水冲突也越演越烈；同一产业尤其是农业内水资源利用也不均衡。例如，大米和谷物等经济效益低的农作物用水量大，而蔬菜等经济效益高用水量却少。三是水环境不断恶化。由于长期干旱，上游又建了大量闸坝和水库，河水基本滞留；农业生产、林业开发、土地流失，又带入大量氮、磷营养物，造成水质富营养化严重。20世纪90年代开始流域内就持续暴发蓝、绿藻，严重时几千公里的河道蓝藻泛滥，入海口处也出现大面积的藻类暴发。2010 年的洪水缓解了旱灾，但是又带来了黑水事件，严重时绵延 900km，黑水所到之处河流的溶解氧会低于 2mg/L，造成鱼类大量死亡；23 个小流域中，有 20 个生态系统健康状况较差或非常差，生物多样性也受到严重威胁。四是盐碱化程度日益加剧。墨累 – 达令河流域内多数地区干旱少雨的状况，使土壤和地下水盐分集聚，人为的大面积砍伐树木，破坏了自然生态系统具有的调节和缓冲功能，又加剧了土壤盐碱化，大面积农田灌溉使地下水位抬高，盐碱化程度进一步加重。

从以上墨累 – 达令河流域面临的问题可以看出，流域水资源问题的出现并非单纯的干旱问题，呈现出了显著的综合性特征。因此，有关该流域水资源管理的任何决定都不可避免地牵涉经济利益、环境利益和其他社会经济目标之间的平衡问题，如何以可持续的、成本最低的方式满足持续增长的水资源需求是该流域水资源管理面临的基本挑战。针对以上问题，墨累 – 达令河流域委员会制定了一系列重要战略，用于指导政府和各社区以最好的方式解决问题，以期协调平衡好水资源、经济社会和环境之间的关系，实现共赢局面。

4.2.2.1 取水封顶制度——协调水资源与经济社会发展

在墨累 – 达令河流域一体化管理策略中，取水封顶制度是墨累 – 达令河流域水量分配制度中的一大特色，也是流域水管理改革的一个里程碑。

针对河流健康不断恶化的问题，在全面核查该流域用水量的基础上，墨累 – 达令河流域部长理事会于 1995 年 6 月决定对该流域水量分配实施最大取水量制度，即“Water Cap”制度。“Water Cap”规定任何新用户的用水都必须通过购买已有取水许可证用水户的用水权来获得，有效确保了水资源的有效和可持续利用。

从 1997 年至今，墨累 – 达令河流域的最大取水量制度已经实施了 20 年之久。从墨累 – 达令河流域 2006 ~ 2007 财年至 2010 ~ 2011 财年《水审计监测报告》中墨累 – 达令河各监测点测得的该流域各河流实际流量的数据，可以看出，墨累 – 达令河的年度河道内实际流量该 4 财年总体上呈上升趋势。以墨累河上的某一监测点的监测数据为例，其流量数据分别为 16.10 亿 m^3、20.51 亿 m^3、23.32 亿 m^3、52.23 亿 m^3。再以维多利亚州境内的凯瓦河（Kiewa River）监测点为例，其流量数据分别为 2.93 亿 m^3、2.79 亿 m^3、4.85 亿 m^3、10.85 亿 m^3。河道内实际流量的上升趋势表明，各州的流域内取水量得到了有效控制，说明墨累 – 达令河流域的最大取水量制度的成功。

2000 年，“Water Cap”执行 5 年后，墨累 – 达令河流域管理委员会对其执行情况进行了回顾评价，认为该制度的执行有效改善了墨累 – 达令河流域环境状况，是该流域可持续发展的基础。虽然取水量封顶制度取得了显著效果，墨累 – 达令河流域管理委员会也认识了其存在的不足——“Water Cap”在 1993 年 /1994 年墨累 – 达令河流域发展水平基础上确定的分水限量，不能反映该流域分水需求的变化，制定适应当前经济社会发展状况的可持续分水限制指标是十分必要的。

2012 年 11 月，《墨累 – 达令河流域规划》颁布实施。新的流域规划制定了地表水和地下水的可持续引水限制制度，该制度是动态可调整的，未来将根据流域整体发展需求而不断调整。这弥补了原先“Water Cap”最大取水量制度的不足，为今后墨累 – 达令河流域可持续分水提供了依据，也为更好协调其流域水资源与经济社会发展的关系提供了基础。

4.2.2.2 盐度治理战略——平衡水资源利用与土地盐碱化

由于自然原因，墨累－达令河流域的土壤中富含盐分，其流域中的河水也自然含有盐分，而且有的河水的含盐浓度甚至高于海水的含盐浓度。19 世纪的拓荒行为和 20 世纪的灌溉行为都加剧了盐分的聚集。地下水位的提高也引起内涝和土壤的盐碱化，尤其是在灌溉区。灌溉引起地下水位的上升，在地下水上升时，也使深层土壤中的盐分随水上升到地表，使土壤盐碱化。灌溉用水一旦停留时间过长也会将其中的盐分留在土地上。要减轻土壤的盐碱化程度就需要运用河水，这又反过来加剧河水的含盐浓度。一旦河水的含盐浓度过高，人们就无法使用河水减轻土壤的盐碱度。这一恶性循环使大量的土地发生盐碱化，提高了河水的含盐浓度，对各沿岸州构成了巨大的挑战。因此，长期以来盐度治理都被认为是墨累－达令河流域非常重要的问题（曾维华等，2001）。

墨累－达令河流域盐度治理大致经历了三个阶段，分别是：① 1988 ～ 2000 年实施盐碱化治理战略；② 2001 ～ 2015 年实施全流域盐度管理策略；③ 2012 年《墨累－达令河流域规划》颁布实施，该规划制定了新的长期盐度治理规划与管理战略。不同时期的盐度治理策略对墨累－达令河流域盐度控制起到显著作用。

（1）1988 ～ 2000 年盐碱化治理战略（Global Water Partnership Technical Advisory Committee, 2000）

盐碱化治理战略为有效地管理盐分、水淹没和土地盐渍化问题采取重要行动提供框架，目的在于减轻河水中的含盐浓度，从而使人们有机会减轻内涝和土壤的盐碱化程度。该战略对各州的权利义务做出了明确规定，但同时又给予各州以实现该战略目标要求的自由。根据协议，如果一州超额减轻了其排放的盐分，它就可以得到信用（credit），该州可以用这一排盐信用治理其盐碱化的土地，也可将该信用出售给其他的州。如果一州未完成其减轻河水含盐浓度的任务，该州就没有机会治理其内涝和盐碱化的土地。这一机制有利于各州之间进行合作，也有利于总体目标的实现。

（2）2001 ～ 2015 年流域盐度管理策略（曾维华等，2001）

2001 ～ 2015 年流域盐度管理策略的制定是为了限制盐碱化扩散及其对水质、水生和陆地生态环境、耕地、文化遗产和基础设施的影响。墨累－达令河流域管理委员会负责协调该流域内大部分州政府对该策略的执行。通过这个策略，达到预期的盐度管理目标，并保持过去和未来土地受到的盐度影响与水资源管理行为与决策之间的平衡。

（3）2012 年《墨累－达令河流域规划》——盐度管理目标（陈丽晖等，2000）

2012 年，墨累－达令河流域制定了新的流域规划。新的流域规划第九章第 9.09 小节中制定了规划实施后的盐度排放目标，同时考虑周期性气候对流速的影响和现有的工作与措施，如与墨累河盐分冲刷计划互补的为避免大量盐分进入墨累河系统而采用的盐分拦截计划，通过长期的模型计算，制定了每个计算水文年内由墨累河排入海洋的盐分平均为

200 万 t 的具体目标，为未来流域盐度管理提供了方向。

4.2.2.3 自然资源管理战略——全面分析自然资源之间的关系

各种自然资源是相互依存相互影响的。水资源的利用和保护必然会与其他自然资源（如土地和生物资源），发生联系。这就要求我们采取联系的观点，全面分析自然资源之间的关系，采取适当的措施。

自然资源管理战略是墨累 - 达令河流域委员会和墨累 - 达令河流域内阁为维持墨累 - 达令河流域自然资源而努力的奠基石，于 1990 年正式实施。在实施这一战略之前，曾对墨累 - 达令河流域的各种资源及其地位及改进管理的途径进行了综合评价。该战略为公平、有效和持续地利用流域的自然资源，协调规划和管理，为各政府间工作提供协调思想和组织的框架，帮助各个战略的整体性部分进入社区次流域行动规划，并为社区的计划执行提供技术和资助，鼓励州际以合作的方式进行调查和管理。该战略强调社区参与，其实施是以社区参与为基础的。自然资源管理战略的目的在于建立一个战略框架，使各个社区在这一框架内解决各自的问题，使各地的行为相互协调，并且与资源的可持续利用相一致。墨累 - 达令河流域管理委员会于 1990 年设定了与自然资源管理战略有关的具体目标。该战略是一个建立政府与社区在管理自然资源方面的合作关系的尝试。

4.2.2.4 环境管理战略——回购水权、治理蓝绿藻、保护湿地

（1）回购水权——满足流域生态环境用水

墨累 - 达令河流域遭受了几十年的环境退化，包括水资源过度分配导致水生态系统受损。几十年来，澳大利亚政府致力于重大合作计划，以恢复湿地和河流生态环境。最近的改革包括根据《2007 年水法》，成立墨累 - 达令河流域管理局和联邦环境水务部（Commonwealth Environmental Water Holder，CEWH）。其中，墨累 - 达令河流域管理委员会将依据水法编制新的流域规划，目前规划已于 2012 年 11 月颁布实施，规划制定了该流域地表水和地下水的可持续引水限额，编制了环境用水规划，以恢复、维持湿地和流域其他环境资源该规划将保障现有的环境用水，保护流域的生物多样性，并协调全流域环境用水。

CEWH 则是水法规定的联邦环境水持有人，负责管理由澳大利亚政府持有的环境水权。《2007 年水法》规定联邦环境水持有人是一个独立的个人。澳大利亚政府的环境水权持有量将通过市场购买及国家水计划、未来水计划项目节水中得到。这些水资源与流域规划中的环境用水将用于保护和恢复环境，如湿地和溪流等。流域环境用水规划至少每年要进行一次回顾性评价。目前，通过水市场回购方式，CEWH 已回收了相当数量的满足环境流量目标的水量，取得了很好的效果。

然而，要达到流域规划制定的年均径流量 2750GL 的可持续引水限额，还需要回购更多的水权。环境水权的回购，对经济的影响较小，但对灌溉农业区域影响较大，将大约使历史水平灌溉水量减少 19%。

（2）蓝绿藻治理——改善流域水质

蓝绿藻的水平是墨累－达令河流域水质管理的指标之一。蓝绿藻实际上并非仅仅是一种藻类，它们是一种被称为蓝藻的细菌，具有藻类共同的特征——依靠光照生长，吸收阳光产生氧气进行光合作用。蓝绿藻是天然水环境的组成部分之一，在条件适宜情况下，它们高速繁殖并迅速成熟破裂。蓝绿藻破裂的情况是由多种有利的环境因子造成，这些因子包括稳定的水环境、充足的阳光、丰富的营养物质（氮、磷等），它们以一种复杂的方式相互影响，当这些因子结合到一起并持续了一定时间后，蓝绿藻将会在水体表层迅速繁殖，随着时间增长数量越来越多，最终导致破裂，产生难闻的气味，致使水质恶化，威胁人类健康，甚至危害环境和经济发展。

目前，墨累－达令河流域内各州均制定了大量实时监测藻类情况的方案和应对藻类暴发的预案，同时制定了警示公众、保障公众健康的详细计划。供水机构也拥有清除溶解在水体中有毒物质的更先进的处理技术。协助管理藻类的机构尽可能通过改变流量和管理额外可用的流量，以减少赤潮在墨累河存在的可能性和强度。所需的水量有时是以变化的速率，即“脉冲水”的形式提供，“脉冲水”可延缓水体分层的形成。然而，额外的流量如用于驱散藻类的环境水在干旱期间并不可用，治理藻类还需要制定全局的措施。

1994 年，墨累－达令河流域部长级理事会采用了藻类管理策略，将其作为各州管理藻类共同努力的框架。藻类管理策略强调营养减少是解决藻类增长的根本原因，管理策略的制定应以科学研究为基础。这一战略为各级政府和社区发展提供方法框架，即提高废物处理和再利用率；引入适宜的水和土地管理政策；为研究监测项目提供资助，并且准备流域规划；改善城市暴雨管理；保护遗留植物，提高流域沿河的植树项目，减少流入河流的富营养水量；加强对藻类繁殖成因与管理的公众教育；为社区提供决策支持工具范围，以帮助他们用最好的办法减少富营养物质进入河流系统。同时，墨累－达令河流域委员会开展了许多至关重要的研究项目，同时还参与了很多合作项目，如国家河流健康计划、国家富营养化管理项目和国家河污染物项目。这些研究均大大提高了流域管理者对藻类生长和藻管理的科学理解，各州也将研究成果运用于具体的藻类管理计划中。

（3）湿地管理战略——改善流域湿地生态

湿地是流域最富生产力和生物多样性的生态系统，为水鸟、鱼、无脊椎动物和植物提供必要的繁殖与饲养多种生物栖息地。同时，湿地具有重要的吸收、回收和释放营养物质、降解沉积物的作用，是改善水质的天然过滤器。过度的污染物会减少或破坏湿地，影响动植物的健康。

墨累－达令河流域管理委员会为保证流域湿地健康，制定了湿地管理战略，其目的是为现在和后代保持及尽可能改善流域内洪涝湿地的生态。该战略将提供有关湿地现状的信息，确定研究和管理的优先项目，并将鼓励个人、团体和机构为发展其自己的地区战略提供框架。

4.3 实施控制手段

流域水资源一体化管理的手段主要包括以下几种（马建琴等；2009）。①直接控制：指的是政府及相关机构制定的有关水资源开发、利用和管理方面的法律、法规、制度及执行标准等。包含强化规章实施、控制土地利用与沿岸开发等。②经济控制：在微观方面包括明晰水资源的产权以进行市场化配置，如对水环境容量进行评价，为水资源的有偿使用、水使用权的市场交易、排污权的市场交易建立运作规范；在宏观方面建立水资源使用、补偿的税费制度和财政制度等。③激励性自我管制：包含创造节水型社会环境；进行节水技术研究与开发，使节水与经济社会发展多赢。④其他辅助手段：借助先进的科技技术 [如 3S（即遥感、全球定位系统和地理信息系统的简称）技术与 4D（four dimension）技术] 建立流域系统管理模型，适时反馈信息，供管理者随时明确事态发展或调整管理状态，同时为各利益相关者提供信息平台，以促进各利益群体的参与及彼此间利益冲突的解决。

在墨累－达令河流域，考虑到流域管理的复杂性，墨累－达令河流域委员会制定了多方位的管理手段，如不断完善流域管理法律制度框架、建立水市场、理顺管理机制、制定切合实际的管理战略等。

4.3.1 法律手段——不断完善流域管理法律制度框架

宏观的管理思路、协调的管理组织、有效的管理手段都是流域整体管理的有机组成部分，加上有法律体系保障，就形成了完整的管理网络（史璇等，2012）。完备的法律体系是流域一体化管理组织的支撑，也是流域管理政策实施的保证。为了解决墨累－达令河流域严重的水资源紧张问题，澳大利亚联邦政府及流域各州之间经过长期磋商，形成了目前由 1992 年《墨累－达令河流域协议》、联邦《2007 年水法》、2008 年《关于墨累－达令河流域改革的政府间协议》和 2012 年《墨累－达令河流域规划》主体的墨累－达令河流域水资源管理法律体系，完善了墨累－达令河流域管理的法律制度框架，明确了流域协议的法律地位，为墨累－达令河流域管理工作的开展提供了坚实的法律基础。墨累－达令河流域管理法律体系的发展过程如图 4-2 所示。

流域协议是墨累－达令河流域管理法律体系的一项特色。各州之间通过协议使流域管理权责分明，具体工作有章可循，有法可依。从开始的单纯墨累河水域协定到联邦和有关州政府谈判达成的《墨累－达令河水协议》，管理范围和尺度扩大，并强化了区域间的协商机制。确立协议的法律地位，则为墨累－达令河流域管理提供了坚实的法律保障（墨累－达令河流域委员会，2000）。通过协议、相关法律的修订和补充，使墨累－达令河流域管理法律体系在横向、纵向上都得到完善，并始终随流域状况的发展做出相应调整。

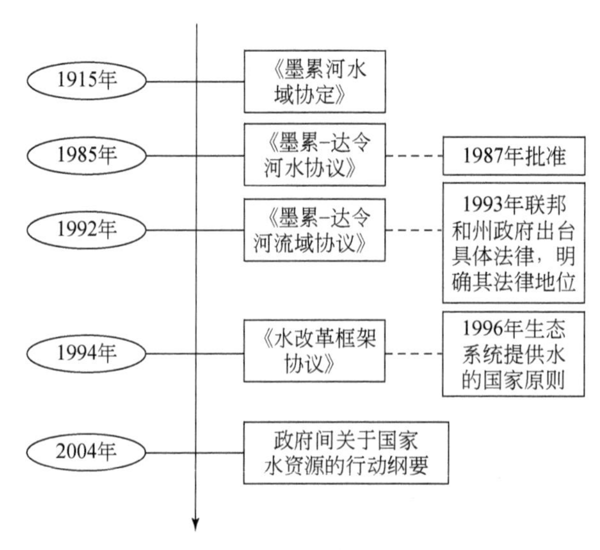

图 4-2　墨累－达令河流域法律法规体系的健全与完善过程示意图

为加强流域水管理，澳大利亚专门制定了墨累－达令河流域管理法，对该流域立法经历了一个逐渐演变的过程（刘吉峰等，2009）（表 4-2）。

表 4-2　墨累－达令河流域两大法规比较

年份	名称	管理对象	管理目的
1914	《墨累河水协议》	河流	促进墨累河流的开发和利用，协调各州的相互利益和关系
1992	《墨累－达令流域协议》	流域	促进和协调流域内计划与管理活动，实现对水、土地、环境资源的公平、有效、可持续发展利用

1914 年，澳大利亚联邦政府、新南威尔士州、维多利亚州和南澳大利亚州共同签署《墨累河水协议》，各州相继制定相关的法律来保障该协议的贯彻执行。1992 年 6 月，澳大利亚联邦政府、新南威尔士州政府、维多利亚州政府、南澳大利亚州政府共同签订《墨累－达令流域协议》。1993 年，该协议缔约方通过并成为各州法案，随后昆士兰州和首都堪培拉直辖区也分别加入该协议。该协议旨在促进和协调有效的计划与管理活动，实现对墨累－达令河流域水、土地及环境资源的公平、有效、可持续发展利用。2003 年，国会通过修正法案，对协议进行修订。以上法律及其修正案成为墨累－达令河流域管理的法律依据（Jin et al., 2008；蓝永超等，2006；朱晓原，2005；Paht-Wostl et al., 2005；Matondo, 2002；墨累－达令河流域委员会，2000；程漱兰，1998）。

1993 年，澳大利亚政府开始对水资源制度进行持续性的改革，联邦政府与各州政府组成的澳大利亚政府理事会（Council of Australian Governments，COAG）多年来一直将整治该流域列为其重要议程，并于 1994 年 2 月 25 日签署了《水改革框架》（*Water Reform Framework*）。《水改革框架》的主要内容是水价改革、水权改革和水资源管理体制改革，以期通过对水资源的优化配置，提高用水效率，实现水资源持续利用之目的。《水改革框架》不仅赋予用水者以必要的权利，同时也要求其承担相应的义务。同样地，政府亦有责任确保水资源分配与利用能以环境可持续的方式实现社会经济目标。

2004年6月25日《国家水资源倡议》（*National Water Initiative*）产生。它表明了联邦政府和各州政府对水资源分配制度改革的承诺，即提高用水能力和用水效率需要持续的国家行动；需要为乡村和城市社区提供服务；确保河流系统和地下水资源的健康。《国家水资源倡议》以《水改革框架》为基础，描绘了水改革的蓝图：建立一个全国性的水市场，对乡村和城市利用地表水和地下水资源进行综合管理和规划，以使其经济、社会和环境效益最大化。它明确提出要解决当前水资源超额分配与过度利用的制度问题，强调应对水资源分配制度变化所可能带来的风险及早做出防范安排，高度关注水资源量管理与风险评估，尤其是在断流与气候变化问题方面。

澳大利亚联邦《2007年水法》自2008年3月3日开始实施，它将协助实施《国家水资源倡议》。该法案有关墨累－达令流域水资源管理的主要目标是优化该流域水资源的分配、利用和管理，要求为流域内各州设定一个“可持续的封顶”制度，促使协议各方积极行动起来以确保各种用水需求之间保持平衡，主要手段包括建立墨累－达令河流域管理局、完善水权制度和规划制度、培育水市场和促进水交易、完善水价、实行水资源综合管理、推进城市水改革、普及用水知识与能力建设、促进社会参与等。其中，墨累－达令河流域管理局是一个以专家为本的独立机构，它应为该流域水资源综合、持续管理制定一个流域战略规划，并将首次从流域整体的角度监督水规划的实施，且对保障人的基本用水需求做出安排。此外，该法案再次强调通过深化水市场改革和水价改革等手段强化市场竞争机制在该流域水资源持续管理中的作用。

随着干旱的持续，解决该流域水资源问题需要一项新协议，一个高于政治的州与州之间的合作协议，其执行与管理不受其他部门或权力机构的左右。所有州都应该置于统一的制度之下，并提供所有各方节水的机会：一是流量的分配；二是环境与各州享有的配额（董哲仁，2006）。为此，从陆克文政府上任至2008年7月，澳大利亚政府理事会就召开了四次会议。2008年3月26日，澳大利亚联邦政府与流域内各州签署了《墨累－达令流域改革谅解备忘录》（*Murray-Darling Basin Reform Memorandum of Understanding*），到2008年7月3日，该谅解备忘录则变成了《墨累－达令流域改革协议》（*Agreement on Murray-Darling Basin Reform*）。该协议之所以产生，是因为无论是出于改善流域水环境健康状况的需要，还是流域内社会各界，均希望能有这样一种制度，即在干旱更为持久或水资源丰富时期所出现的困难情况下皆能良好运转的制度，且能应对未来的变化。该协议要求制定流域规划以为满足人的基本用水需求提供安排，强调加强竞争机制的作用。

2012年，《墨累－达令河流域规划》颁布实施，这一综合的、可持续的全流域水资源管理战略计划，进一步完善了墨累－达令河流域水资源管理法律体系，为流域综合管理提供依据。

正是不断完善墨累－达令河流域管理法律制度，适应墨累－达令河流域不同时期流域发展的需求，墨累－达令河流域的综合管理才能有法可依、执行有力的及时解决流域新问题，保障流域水资源与经济、社会、环境可持续发展。

4.3.2 经济手段——建立高效透明水市场

建立水权制度是实现水资源合理（或优化）配置的关键 (GWP-TAC, 2000)。在科学的管理组织框架下，如何运用行之有效的手段，使流域整体管理思路得到落实是实际管理中的关键问题。经济手段的可行性和自觉约束力在管理中具有显著的优势。

从澳大利亚水改革框架方案实施后，就开始建立水市场，制定水价，进行水权交易等。墨累－达令河流域的市场化管理就是建立在国家长期水市场管理的基础上。市场化管理的封顶和水权交易制度等都是为了实现总量控制的目标。其总量控制措施就是要通过建立一个在全流域内共享水资源的“新框架”，来确保水资源的有效和可持续利用（Koudstaal, 1992）。

“封顶”原则是根据各地的来水、用水记录及土地的拥有情况等确定上限额度，并预留生态用水，保证水资源的可持续利用。水权的市场交易使拥有水权的公司或农牧场主可以买进水权或卖出多余的水权。由水权管理机构批准，办理有关手续，交付相应费用并变更水权。水权管理机构控制水权交易量，使水的利用尽量接近水源地供水目标，并使水资源向利用效率和使用价值高的用途转移。它改变了供水工程建设管理的投、融资方式，使用水户更直接地参与供水管理。国家通过立法来保障水权交易，规范交易行为，为投、融资提供政策支持，控制水的开发利用和环境保护（尚宏琦，2004）。

墨累－达令河流域作为重要的农业灌溉区，是水权交易实施的重要区域，通过“封顶”和水权交易等手段，使各流域管理主体更注重水资源的使用成本和价值，有利于实现流域水资源的合理配置。

4.3.3 行政手段——及时调整组织机构，理顺流域管理体制

墨累－达令河流域特殊的自然环境、重要的社会经济地位和由来已久的水环境问题，决定了其流域管理起步较早，发展较快，经历了地方决策为主、多方合作协商和联邦政府主导的三次体制演变，深刻体现了水环境状况和经济社会发展变化的客观要求，以及各方利益变革的内在需求。

4.3.3.1 1915 ~ 20 世纪 80 年代——以各州政府决策为主的墨累河委员会

1915 ~ 20 世纪 80 年代，墨累－达令河流域管理机构是以墨累河水协议为依据，成立了以各州政府决策为主的墨累河委员会。

19 世纪末，墨累－达令河流域内连续 7 年发生了严重干旱，导致用水冲突，迫使维多利亚州、新南威尔士州、南澳大利亚州政府共商对策。1911 年，澳大利亚成立联邦政府，其宪法规定，土地、水资源管理由各州和直辖地区政府负责，因此，州际的协定是跨州事务管理的主要手段。1914 年，联邦政府和 3 个州政府共同签署了《墨累河水协议》，关注重点是墨累河干流水资源分配和调控，保证下游南澳洲有最低限度的水流。1917 年，

依据该协议成立了墨累河委员会，由联邦政府及以上 3 个州政府代表组成，主要是负责水资源的政府官员参加。决策原则是：充分尊重各州主权，委员会每个成员都有否决权，决策必须由各成员协商一致才可以通过。可见，墨累河委员会主要是协调机构，规模很小，很多职能是由各州政府机构实际执行的，各州政府拥有决策权，起主导作用。

4.3.3.2　20 世纪 90 年代 ~ 2007 年——以利益相关方合作协商的决策执行咨询综合机构

随着墨累 - 达令河流域内水质恶化和土壤盐碱化，人们发现水资源的利用是个复杂的问题，不仅要考虑水量，还要关注水质改善和土地的合理使用等，建立和加强上下游合作机制也是个关键问题。1987 年，联邦政府和三个州政府正式签署《墨累 - 达令河流域协议》，代替前面墨累河水协议。新协议的宗旨是“促进和协调行之有效的计划和管理活动，以实现对墨累 - 达令河流域的水、土地及环境资源的公平、富有效率并且可持续发展的利用”。1996 年，墨累 - 达令河流域上游昆士兰州政府、1998 年首都领地政府也正式成为签约方。

根据协议，墨累 - 达令河流域一体化管理机构由三个层次组成，即墨累 - 达令河流域部级理事会、墨累 - 达令河流域委员会和社区顾问委员会（Community Advisory Commission）。由此，开启了 20 世纪 90 年代 ~ 2007 年墨累 - 达令河流域由以利益相关方合作协商的决策执行咨询综合机构共同管理的阶段。

（1）墨累 - 达令河流域内阁

其作用是制定政策和确定流域自然资源管理的总方向。

（2）墨累 - 达令河流域部级理事会

墨累 - 达令河流域部级理事会是墨累 - 达令河流域管理的最高决策机构，通常由 12 名成员组成。每个政府至多有 3 名部长分别代表土地、水和环境管理机构。其主要职责是研究、制定并批准涉及流域水、土地及其他自然资源的相关政策。

墨累 - 达令河流域部级理事会进行流域综合管理的指导原则是：①必须寻求流域尺度的解决办法；②不能只重表象，必须解决内在原因；③必须采用综合方式；④通过社区行动实现区域的资源管理；⑤必须向社区土地关爱小组提供明确的指导和支持；政府与社区的人力资源和资金必须协调使用。

（3）社区顾问委员会

为了在墨累 - 达令河流域内采取统一的政策行动，并广泛地听取各方面的意见，设立了一个社区顾问委员会。

社区顾问委员会是墨累 - 达令河流域部级理事会的咨询协调机构，负责广泛收集各方面的意见，保证各方信息的交流，及时发布最新的研究成果。墨累 - 达令河流域委员会通常有 21 名成员，来自 4 个州、12 个地方流域机构和 4 个特殊利益群体的代表。根据墨累 - 达令河流域的特点，适当考虑行政界线，将该流域分成 12 个单元，相应成立了 12 个地方流域机构（catchment authority），每个流域机构派 1 名代表加入社区顾问委员会。4 个特殊利益群体分别是全国农民联合会、澳大利亚自然保护基金会、澳大利亚地方政府协会、澳大利亚工会理事会。该社区顾问委员会在人数规模限制的条件下体现了广泛的代表性。

社区顾问委员会负责流域委员会和社区之间的双向沟通，其宗旨是“确保社区有效参与以解决墨累－达令河流域内的水土资源和环境问题”。社区顾问委员会对墨累－达令河流域委员会提供下列咨询：向墨累－达令河流域部级理事会和墨累－达令河流域委员会就应关注的自然资源管理问题提供咨询，向墨累－达令河流域委员会反映社区对所关注的问题的观点和意见。

（4）墨累－达令河流域委员会

墨累－达令河流域委员会是墨累－达令河流域部级理事会的执行机构，是具有20多个工作组的广泛系统。墨累－达令河流域委员会成员由来自墨累－达令河流域4个州的政府中负责土地、水利及环境的司局长或高级官员担任，每州2名，其主席由墨累－达令河流域部级理事会指派，通常由持中立态度的大学教授担任。墨累－达令河流域委员会是一个独立机构，它既要对各州政府负责，但又不是任何一个州政府的法定机构，其职能由墨累－达令河流域管理协议规定。其主要职责是：劝告墨累－达令河流域内阁以全流域观进行自然资源管理；为协调全流域政府和社区工作提供资助或框架；根据协议，平等有效地管理和分配墨累河的水资源；为墨累－达令河流域内阁取得对墨累－达令河流域的水、土地和环境资源的持续利用提供建议，提供管理支持；指导各种自然资源战略；宣传墨累－达令河流域的重要性。墨累－达令河流域委员会服务于墨累－达令河流域内阁，它的许多项目是通过其部门来管理，它鼓励各部门和墨累－达令河流域委员会办公室之间的合作。

（5）墨累－达令河流域委员会办公室

墨累－达令河流域委员会下设一个由40名工作人员组成的办公室，其成员是环境、经济等技术专家，负责日常事务。为了加强流域的综合规划与管理，建立了20多个特别工作组，聘请来自政府部门、大学、私营企业及社区组织的关于自然资源管理及研究的专家，以便将最先进的技术方法和经验运用到墨累－达令河流域管理中去。

该办公室与州、联邦的代理和墨累－达令河流域内阁的委员密切商讨，负责4个州政府之间的财政管理，为墨累－达令河流域委员会和墨累－达令河流域内阁提供秘书支持，为会议收集大量的线索作为背景。其工程师负责管理墨累河系统的水资源（位于各个州的支流由各个州负责），其环境科学家和土地资源专家协调墨累－达令河流域内的土地与环境管理项目，其通信组制作材料，以引起公众对该流域及其资源管理的注意（Adil，1999）。

新的管理体制较以往有四点明显进步：一是机构明显增强，分别设立了决策、执行和咨询机构，有利于应对更复杂多变的情况；二是职能明显扩大，所管辖地理范围扩大到墨累－达令河流域上游，管理内容扩大到水污染和盐碱化等环境问题，以及其他自然资源的保护；三是合作明显加强，各州政府主权有所让渡，联邦政府协调能力增加，上下游、联邦与地方合作加强；四是参与度明显加大，社区顾问委员会的成立，有利于体现民意、达成共识、自觉参与。但是受宪法所限，各州仍然是水权使用等的决定主体，墨累－达令河流域委员会依旧采用一票否决权，人员显著增多，致使决策更加缓慢。水资源过度利用、生态环境恶化的问题并没有彻底解决，必须寻求新的体制机制。

4.3.3.3 2007 年至今——以联邦政府主导的 MDBA 独立机构

MDBMC 和 MDBC 的成立，在一定程度上保障了墨累－达令河流域水资源管理的顺利进行，然而依照规定至少每年召开一次的 MDBMC 会议只是一个政治论坛，MDBMC 虽有权对该流域的整体性问题做出决定，但其决议需要全票通过。问题是，各州之间缺乏真正有效的合作，政见上的分歧及各州工党政府之间的利益冲突导致任何协议都未能达成。

2008 年 3 月 3 日，澳大利亚联邦《2007 年水法》开始实施，从法律层面对水权管理进行全面改革，将部分州的水管理权授权给联邦政府。在法律的支撑下，联邦政府组建了 MDBA，局长由联邦政府总理征求各州意见后直接任命。MDBA 不但将承担 MDBC 的当前职责，还将负责包括环境用水规划在内的流域规划的研究制定、实施与监督，执行 MDBMC 和墨累－达令河流域委员会做出的相关决定（杨桂山等，2003），负责研究制定、实施与监督墨累－达令河流域地表水和地下水资源分流的“可持续的封顶”制度（杨志峰等，2003）。联邦部长是该流域规划的决策者，若其决定不采纳该流域规划，则要将之退回 MDBA 并提出相应建议要求 MDBA 予以考虑；联邦部长若拒绝接受修订后的流域规划，则须向议会说明要求 MDBA 再次修订其流域规划的理由（冯尚友，2000）。

MDBA 对联邦政府负责，联邦政府根据河流流量，统一负责水权分配和水资源管理，在《墨累－达令协议》基础之上制定流域计划，设定水质指标，建立统一的水权交易制度。MDBMC、MDBC 和社区顾问委员会依旧保留，但是 MDBMC 改由联邦政府主导，联邦政府有决策权，MDBC 也没有了否决权。

该阶段对管理机制改革的益处显而易见：建立了国家层面的墨累－达令河流域管理独立机构，可以优先考虑国家利益和流域整体利益，能清晰地反映环境需求，重大决策易通过，各州间合作得到进一步加强，联邦政府资金投入也增大，墨累－达令河流域共性的水环境问题能在更高更深的层面得到关注和解决。

4.4 机制保障体系

对墨累－达令河流域水资源的管理，无论结构和功能设计得多好，也可能有匹配不当之处或者有重叠和遗漏的地方，因此，需要过程和机制以处理边沿（edge）或边界（boundary）问题（史璇等，2012）。例如，设立促进各利益相关者参与的民主协商和公众参与机制，以及化解各利益群体之间冲突的冲突解决机制（马建琴等，2009）。墨累－达令河流域在民主协商和公众参与方面具有成熟经验，建立的三层协商管理机制、充分的公众参与机制为流域一体化管理的实现提供了保障。

4.4.1 全面权威的协商管理机制

墨累－达令河流域协商管理模式的组织框架设计较好地体现了协商的全面性和权威性，在墨累－达令河流域管理中起到了重要的作用。三层管理组织框架主要包括墨累－达令河流域部长理事会、墨累－达令河流域委员会和公众咨询委员会。在联邦制度的框架内，协定自然成为分担义务、分享权利、协调行为的一种重要手段。三层之间协调配合，达到流域管理的最优化，从而实现流域整体管理的目标。

4.4.2 强劲的公众参与机制

合法的公众参与机制，促使广大的社会力量能够有效地参与自然资源管理。这不仅使有环保愿望的人能够有效地参与环境保护事业，也可以创造一个环境保护氛围，对他人产生积极的影响，同时也是促进政府工作的重要途径。

在墨累－达令河流域水资源一体化管理中，公众参与机制也是墨累－达令河流域管理成功的关键因素之一。墨累－达令河流域内阁认为要实现资源的可持续利用，社区的参与是必要的，要求社区必须商议和参与所有长远决策的整个过程，要求政府和社区一起长期承担义务。墨累－达令河流域委员会通过通信、咨询和教育活动等综合项目支持社区与政府建立伙伴关系，鼓励社区参与决定有关流域的未来。为此，自然资源管理战略提供了一个解决墨累－达令河流域问题的整体方案，墨累－达令河流域的州政府在该流域内的19个管理地区采纳了这一方案，墨累－达令河流域委员会派遣社区的代表，协调每个地区的自然资源管理活动，在特定的有特殊需求的地区给予政府支持。墨累－达令河流域委员会由社区来制定区域规划，将灌溉农业放在现有生产力的基础上，以便为生产者提供更多的回报。目前，有50个区域的社区行动计划已经完成或即将完成。还有1000多个有关土地的团体针对小尺度区域问题在墨累－达令河流域开展工作，通过信息共享、实施已被肯定的行动和方便社区参与来改善他们区域的管理。

4.5 评估制度

墨累－达令河流域水资源综合管理包含众多内容，其管理策略是根据墨累－达令河流域出现的实际问题不断完善的。在墨累－达令河流域实际管理过程中，一系列流域管理政策、措施、策略执行的效果如何，流域管理机制运行是否达到预期目标，这也是流域管理应关心的重要问题。完善的监督、评估制度，可以有效促进流域管理策略的实施，及时调整不适宜的管理措施，修正相关指标的偏差。制定管理策略、得到执行结果、进行回顾评估是一个循环的过程，回顾评估对管理效果提升至关重要。

墨累－达令河流域管理对各项政策措施执行效果的评估十分重视，可以体现在以下几方面。

（1）将评估纳入水法，确保评估工作的重要性

墨累－达令河流域综合管理评估体系的顺利执行源于法律制度的保障。联邦《2007年水法》的认可，确保了评估工作顺利开展，评估工作的重要性得以传播。以联邦《2007年水法》为例，其包含了开展评估工作的一些规定，如规定墨累－达令河流域内阁在2014年末之前评估该水法执行的效果和其规定指标的完成情况，要求在流域水价的制定和管理服务质量方面进行评估，并规定了评估系统运行所需费用的来源。

（2）政策与评估程序同时制定、同时实施

墨累－达令河流域管理在各项政策实施时制定相应的评估程序与原则，提供评估工作开展的依据。以 2012 年《墨累－达令河流域规划》为例，2012 年该规划颁布实施，规划第 13 章详细介绍了监督、评估工作开展的原则与程序，规划各个部分的内容均对应有评价调整机制，如可持续分水限制调整机制、地下水可持续分水限制回顾评价等。除在该流域规划本身的章节中设置了评估内容，墨累－达令河流域管理委员会颁布了相应的《流域规划评估框架》（*Basin Plan Evaluation Framework*）。该框架详细说明了评估的目标、原则、所关心的问题、评价方法、评价指标、评价的周期等诸多内容（Don Blackmore, 2003），如规划 2012 年开始实施，框架规定 2013 年对流域规划的监督和评估工作开始执行，第一次流域规划评估报告将于 2015 年出版，之后每年进行评估。在 2017 年和 2022 年流域规划执行 5 年和 10 年时，将进行流域规划规划执行效果评估，以期全面评价规划实施效果，更好地动态调整规划相关内容。

（3）明确各级流域组织机构的职责

流域针对不同的政策和管理措施采用的评估体系有所不同，各级组织机构的职责也不尽相同。墨累－达令河流域在制定政策评估体系时，根据各级组织机构的管理范围和核心问题，明确了各级流域组织机构的职责，分级规定了评估监督的任务，从而确保了评估工作顺利开展。以 2012 年墨累－达令河流域规划为例，该流域规划明确规定了哪些机构有义务上报相关信息，这些机构包括墨累－达令河流域管理委员会、联邦政府、流域州政府、地方政府、地方社区组织等，各机构的职责也有明确规定，如墨累－达令河流域管理委员会的主要职责是依据流域规划监督与评估框架的程序与原则，协调流域管理情况的监督和报告。此外，对各级组织机构上报的信息，流域规划也规定要求上报的信息不能只从宏观层面说明规划执行顺利、效果良好，应该切实对比规划目标的完成程度，如流域州政府、墨累－达令河流域管理委员会被要求每年上报墨累－达令河流域环境用水保证情况。规划也指出各级组织机构并不需要上报所有信息，要求上报的信息是动态调整的，这取决于规划的执行情况，如政府部门只需要在 2015 年上报辖区内的长期环境用水规划。

（4）年度总结回顾评价制度

每年年末，墨累－达令河流域管理局会就当年墨累－达令河流域管理会的工作情况发布年终总结，主要包括墨累－达令河流域管理局当年管理目标完成情况、合作管理情况和财务情况，具体内容有墨累－达令河流域水资源管理、河流水资源与水生态保护、知识共享与技术交流、河流资产管理及流域管理局人力资源管理等。同时，墨累－达令河流域管理局发布的还有当年流域用水审计报告，主要包括流域当年水文气象条件回顾、对比流域内各州当年实际用水与分配水量、流域水权交易情况、当年可供水量分析、环境用水满足情况、地下水使用情况，以及流域最大取水量调整情况。以上年度总结报告的发布，为墨累－达令河流域管理局及时调整管理方式指明了方向，为墨累－达令河流域综合管理的逐步完善提供了基础。

基于评估程序的完善、各级组织机构各司其责等各方面的保障，墨累－达令河流域综合管理评估工作得以顺利执行，准确反馈各项流域政策与管理措施执行情况、存在的问题等，保障了墨累－达令河流域综合管理水平不断提升。

4.6 经验与启示

流域一体化管理的目的是为了平衡和协调流域内与水相关的各利益主体，促进流域的水、土地及其相关资源的合理开发、高效利用，从而实现社会、经济、环境的可持续发展。墨累－达令河流域管理的管理模式，是世界流域管理的一个典范。在墨累－达令河流域管理过程中，管理体制、流域立法等各个方面始终贯穿一体化管理的理念，其成功经验可概括为以下几点。

1）强调流域一体化的管理理念。墨累－达令河流域综合管理一直贯彻相关机构、研究和政策发展的整体观，强调流域一体化理念。

2）加强一体化的宏观决策。从取水总量的控制、盐度治理、自然资源管理及环境管理等方面，制定全面、切合实际的管理战略，形成科学的一体化管理宏观决策模式。

3）稳定而健康的组织制度框架，全面权威的协商管理机制。流域管理的权威应建立在协商的基础上，方案制定阶段的充分参与是落实协议的关键，有效的组织结构系统是落实协议的保证；在流域管理过程中，重视决策的科学化、民主化、透明性与公平性。

4）贯彻科学的评估制度。对流域的管理策略、政策、措施、策略执行实施的效果的目标实现程度进行全面、科学的考核，为下一步宏观决策、策略完善提供依据。

虽然墨累－达令河流域综合管理取得了很大成就，但在其管理中也存在一些问题。例如，地方政府没有正式渠道参与到墨累－达令河流域管理的决策中来，而事实上很多项目都在地方政府层次上付诸实施。另外，所有与墨累－达令河流域有关的其他专门协议，都没有被纳入墨累－达令河流域协议或流域总体管理之内。针对以上问题，墨累－达令河流域综合管理也在不断调整完善。

对黄河流域而言，应根据自身特点，参照墨累－达令河流域管理模式建立符合流域需求的管理制度，借鉴墨累－达令河流域的三级管理模式，建立适用于黄河流域的实行公众参与的三级管理制度，并明确各个机构的职责，互相协调，促进黄河流域综合管理的发展。此外，黄河流域目前有一定的公众参与机制，如环境影响评价公众参与公示等，但公众参与并不如墨累－达令河流域强劲和充分，在今后黄河流域综合管理中，应进一步完善公众参与机制，在适宜时机成立社区顾问委员会或者在省区水资源管理委员会中引入公众参与机制，由所有用水户推举代表组成，协助黄河流域管理机构监督管理水量分配及取水、用水情况。通过公众参与，提高用水户的自觉性，促进节水型社会的建设。

第 5 章　变化环境下黄河流域最严格水资源管理决策方法与策略

当前黄河流域水资源面临的形势十分严峻，水资源短缺、水污染严重、水生态环境恶化等问题日益突出，水资源成为制约经济社会可持续发展的主要瓶颈。根据国家提出实施“最严格水资源管理制度”的要求，黄河流域建立了用水总量控制、用水效率控制和水功能区限制纳污“三项制度”，划定水资源开发利用控制红线、用水效率控制红线和水功能区限制纳污红线“三条红线”，逐步改变当前水资源过度开发、用水浪费、水污染严重等突出问题。

5.1　黄河流域最严格水资源管理制度

5.1.1　实施最严格水资源管理制度的要求

2011 年中央一号文件指出，要“实行最严格的水资源管理制度”“要建立用水总量控制制度、用水效率控制制度、建立水功能区限制纳污制度和水资源管理责任和考核制度”。2011 年中央水利工作会议明确提出，“要大力推进节水型社会建设，实行最严格的水资源管理制度，确保水资源的可持续利用和经济社会的可持续发展”。2012 年 1 月 29 日，国务院发布《关于实行最严格水资源管理制度的意见》，对全国实行最严格水资源管理制度做出全面部署和具体安排。

最严格水资源管理制度是基于我国人多地少水缺的基本国情水情、复杂的现实水问题、更为严峻的未来水挑战，适应转变经济发展方式、保障国家粮食安全、建设生态文明要求等做出的重大战略选择，是我国破除水资源瓶颈制约的重大战略。最严格水资源管理制度根本目标就是解决当前紧缺的水资源形势，控制水资源开发总量、提高水资源利用效率、限制污水排放总量，从而实现水资源的可持续利用，最终达到人与水的和谐相处。

最严格水资源管理制度的核心是划定“三条红线”、建立“四项制度”，促进水资源可持续利用和经济发展方式转变，推动经济社会发展与水资源水环境承载能力相协调。具体包括以下内容。

一确立水资源开发利用控制红线，明确流域、区域、各行业、各用水户可取用的水资源量最大值。将用水总量作为控制指标，统筹供求两个方面，把到 2030 年全国用水总量控制在7000亿m^3以内作为2030年我国水资源开发利用的刚性约束。主要措施是严格规划管理和水资源论证，严格控制流域和区域取用水总量，严格实施取水许可，严格水资源有偿使用，严格地下水管理和保护，强化水资源统一调度。

二确立用水效率控制红线，明确区域、行业和用水产品的用水效率应达到的目标，以满足用水总量控制目标对用水效率的基本要求。考虑到农业和工业用水量占社会总用水量的85%以上，是用水效率控制的关键，把到2030年万元工业增加值用水量降低到40m^3以下、农田灌溉水有效利用系数提高到0.6以上作为用水效率最低门槛。主要措施是全面加强节约用水管理，强化用水定额管理，加快推进节水技术改造，遏制用水浪费，推进节水型社会建设。

三确立水功能区限制纳污红线，明确主要污染物入河湖总量，考虑到水功能区是水资源保护的重要抓手，将水功能区水质达标率作为限制纳污指标，统筹考虑水功能区纳污能力和排放形势，把到2030年全国江河湖泊水功能区水质达标率提高到95%以上作为限制纳污红线指标。主要措施是严格水功能区监督管理，加强饮用水水源地保护，推进水生态系统保护与修复等方式，严格控制入河湖排污总量，改善环境质量。

四建立水资源管理责任和考核制度，着眼于把最严格水资源管理制度落到实处，将水资源开发利用、节约和保护的主要指标纳入地方经济社会发展综合评价体系进行严格考核。为此要健全水资源监控体系，加强水资源监测、用水计量与统计；完善水资源管理体制和建立长效稳定的水资源管理投入机制；健全政策法规和社会监督机制。

最严格水资源管理制度贯穿全过程管理理念，开发利用控制红线、用水效率控制红线、水功能区限制纳污红线“三条红线”互为支撑，分别涵盖了取水、用水、排水的过程，在水资源监控方面也强调加强取水、排水、入河湖排污口计量监控。

最严格水资源管理制度倡导综合运用行政、经济、科技、宣传、教育等手段，明确要建立健全水权制度，严格实施取水许可，制定用水定额标准，强化用水定额管理，严格水资源有偿使用，推进水价改革，严格水资源论证，推进节水技术改造等。

最严格水资源管理制度明确要求加强部门之间的沟通协调，强调推进水资源管理科学决策和民主决策，完善公众参与机制。

5.1.2 黄河流域实施最严格水资源管理制度的基础

黄河流域水资源在我国国民经济和社会发展中具有重要的战略地位，是黄河流域及相关地区经济社会可持续发展和实施西部大开发、中部崛起战略的基础和保障。自20世纪70年代以来，黄河流域水资源供需矛盾不断加剧，下游频繁断流，进入90年代，几乎年年断流。特别是1997年，黄河下游利津水文站断流时间长达226天，断流河段上延至河南开封附近，断流河段长达704km。黄河频繁断流，直接造成沿黄两岸用水危机，影响社会安定，破坏生态系统平衡，并带来巨大经济损失。据不完全统计，1997年仅山东直接损失工农业总产值达135亿元。

黄河断流问题引起了国内外普遍关注和忧虑，党中央、国务院对此非常重视。1998

年 1 月，中国科学院、中国工程院 163 名院士联名呼吁“行动起来，拯救黄河！”，党和国家领导人也多次做出指示，要求加强黄河流域水资源统一管理和保护，解决黄河断流、缺水这一重大问题。为缓解黄河流域水资源供需矛盾和黄河下游断流形势，经国务院批准，1998 年 12 月国家发展计划委员会、水利部联合颁布实施了《黄河可供水量年度分配及干流水量调度方案》和《黄河水量调度管理办法》，授权水利部黄河水利委员会统一管理和调度黄河流域水资源。面对严峻的水调形势，水利部黄河水利委员会“精心预测，精心调度，精心监督，精心协调”，严格贯彻国务院 1987 年批准的《黄河可供水量分配方案》，综合采取行政、法律、工程、科技、经济等手段，加强黄河流域水资源统一管理与调度。

行政上，成立专门的水量调度机构，加强协调管理和督查，实行以省区界断面流量控制为主要内容的水量调度行政首长负责制；法律上，根据《中华人民共和国水法》制定了《黄河水量调度条例》，于 2006 年 8 月颁布实施，并根据《黄河水量调度条例》于 2007 年 11 月 20 日颁布实施了《黄河水量调度条例实施细则（试行）》，进一步完善了水量调度的分配和管理制度；技术上，建设了现代化的黄河水量调度管理系统，水文、水质监测预报能力和信息采集、传输水平大幅提升，调度精度不断提高；工程上，充分发挥水库的蓄丰补枯调节作用，并根据黄河实际情况，实施大跨度接力式调水；经济上，在宁夏、内蒙古两自治区进行黄河水权转换试点，在下游推行“订单供水、退单收费”，以及工农业用水分开计量、分开收费的制度。通过采取这些综合有效措施，确保了黄河不断流。

5.1.3 黄河流域最严格水资源管理制度建立

面对黄河流域经济社会发展不断增长的用水需求，黄河流域水资源形势日益严峻、水环境问题突出的现实，黄河流域水资源管理必须从单纯的供水管理转向供水管理和需水管理并重，从水量管理向水量和水质一体化管理转变，实施最严格水资源管理，建立最严格管理制度体系，确保黄河流域水资源的可持续利用。

（1）建立黄河流域水资源开发利用红线，严格实行用水总量控制

严格黄河流域省区取水总量控制。根据 1987 年国务院批准的《黄河可供水量分配方案》，强力推进省区水量分配方案细化指标的编制，对跨省区支流编制水量分配方案并监督实施。进一步严格执行取水许可总量控制指标，对超指标引水的省区，停止新增用水项目的审批，并研究建立超额用水还账制度。启动黄河流域地下水管理政策的研究，加强对地下水开发利用的监管。

严格水量调度制度，强化全河水量调度与控制。切实落实《黄河水量调度条例》，严格执行年、月、旬水量调度计划，提高调度精度，提高省区断面的流量监测能力。推进支流的调度，加强用水计划管理、用水计量，保障省区界和入黄断面的最小流量。开展功能性不断流调度。

（2）建立黄河流域用水效率控制红线，坚决遏制用水浪费

强化建设项目水资源论证。按照国家有关法规、产业政策规定和建立资源节约型、环境友好型社会的要求，严格审查以用水效率论证为主要内容的建设项目水资源论证报告。

限制高耗水景观和高耗水工业项目，从源头上把好水资源开发利用和用水效率关。

推进黄河流域节水型社会建设。节水型社会建设对保障黄河流域水资源长效利用至关重要。建设并严格执行用水效率控制红线，遏制用水浪费，加强需水管理，推进黄河流域节水型社会建设。督促省区政府切实推进节水型社会建设的责任，大力开展引黄尤其是大型灌区的节水技术改造，不断提高水资源的利用效率和效益。充实完善《节水型灌区考核标准》《节水型企业（单位）技术考核标准》《节水型社区评价导则》等相关节水管理考核标准，细化考核指标和考核措施，加大节水型单元载体的奖励力度，推进黄河流域（区域）节水型单元载体建设。

开展水权转换和置换。黄委自 2000 年起对黄河流域取水实行总量控制，由于宁夏、内蒙古已无剩余黄河分水指标，其新增引黄用水项目受到限制。为破解此难题，促进地方经济可持续发展，经黄委与两自治区共同协商，2003 年首先在宁夏、内蒙古开展了黄河水权转让试点。其主要思路是：由新增工业项目出资开展灌区节水工程改造，将原输水过程中损失的水量节约下来，有偿转让给工业企业，在不增加黄河用水指标的前提下，满足新增工业用水需求，即“投资节水、转换水权”。目前这一做法已作为一项管理制度固定下来。初期的水权转让，主要是渠道衬砌常规节水和一个地（市）内部的水权转让。2009 年开始在内蒙古鄂尔多斯市试点开展设施农业等高新节水。2014 年，按照“节水、压超、转让、增效”的原则和“可考核、可计量、可控制”的要求，启动了内蒙古跨盟（市）水权转让试点。在宁夏、内蒙古水权试点的基础上，不断逐步扩大水权转换的实施范围。对超指标引用水的省区，不再批准新的水权转换项目。无余留水量指标的省区，确实需要新上项目的省区必须通过水权转换获取取水指标。开展水权置换研究工作，探索建设规范、有序的黄河水权交易市场，促进黄河水资源优化配置和高效利用。

完善用水定额管理网络体系。在开展水平衡测试和黄河流域现状用水水平分析的基础上，修订农业、工业、城市生活用水定额；在宏观层面，选用万元工业增加值用水量和万元 GDP 用水量等综合指标定额，对黄河流域整体用水效率进行宏观管控；在现有省区定额标准体系的基础上，结合区域经济发展特点，补充新兴产业用水定额；保障河道内生态用水需求，制定不同区域河道内典型生态用水基线。

（3）建立黄河流域水功能区限制纳污红线，严格控制入河污染物总量

严格水功能区管理。按照水功能区水质目标要求，以行政区划为重点，以省区界缓冲区水质监测为节点，明确水功能区限制纳污红线，并提出黄河流域入河排污控制总量的省区控制方案。对水污染超标河段实施污染物限制排放措施，加强省区界监测信息发布，建立省区界缓冲区水质行政首长负责制。

强化入河排污口管理。入河排污口管理是保证黄河水质的重要手段，对全河入河排污口进行调查登记，建立台账制度，对新建、改建、扩建入河排污口严格论证和审批。对入河排污口实施严格监测，定期通报入河排污总量。对超标排放依法查处，必要时限制或停止相关地区引用黄河水。

提升水资源监测能力。水资源监测是水资源管理与保护的前提和基础。推进省区断面水质自动监测站建设，提高对黄河干流和主要支流入黄水功能区、省区界缓冲区、重要入河排污口的监测能力。逐步扩展水质水量同步监测的站点和范围，加密监测频次，实现在线监测，形成覆盖全河的黄河水资源监测网络体系。强化水资源监测结果的运用，及时向省区通报，并通过新闻媒体向社会公布水质监测结果，充分发挥行政监督和舆论监督作用。

加强重要河湖、湿地水生态保护。开展黄河流域内重要湖泊水系健康评估。在湖泊水系面临生态、水环境、水资源的共同胁迫时，从整体出发，在全流域尺度上实施有效的生态补水管理，维系湖泊水系生态系统结构和功能的完整性，保障黄河流域社会经济可持续发展。

完善突发性水污染事件快速处置机制。提高水污染事件应急监测能力，加快黄河流域重点河段污染物输移扩散控制手段研发，提升突发性水污染事件应急预警水平。建立以黄河流域为依托的水资源保护和水污染防治信息交流、沟通与协调机制，构建黄河流域机构和地方政府、水利、环境保护部门相结合的联合治污格局，做到对突发污染能够抓得住、测得准、报得快，充分发挥黄河流域机构对水情掌握和水库调度优势，建立切实有效的突发水污染事件应急处理机制。

（4）严格取水许可制度

加强取水许可制度，建立黄河流域取水许可台账，强化执法检查和用水过程的监管。按照《取水许可与水资源费征收管理条例》，严格执行申请受理、审查决定的管理程序，规范取水许可审批管理，从源头加强建设项目需水管理，加强取用水的监督管理和行政执法，进一步加强对黄河水资源的利用管理。取水申请未经批准的，建设单位不得开工建设和投产使用，擅自开工建设或投产使用的，坚决责令其停止违法违规行为。当前取水许可制度在农业用水领域尚未全面落实，农业用水管理较为粗放。加强农业取水许可管理，促进农业高效用水，保障农业合理用水，是保障国家粮食安全、落实最严格水资源管理制度、深化水利改革的重要内容。应从严格农业用水总量控制、科学核定灌区取水许可量、完善农业取水计量监控系统、加强农业取水许可日常监督管理等方面强化农业取水许可管理。

（5）严格地下水管理和保护

20 世纪 80 年代以来黄河流域地下水开采量大量增加，部分地区地下水超采严重。目前黄河流域层面缺少有效的地下水管控手段，应进一步建立黄河流域监督与地方管控相结合的地下水资源水量水位双控制度。按照省区用水总量控制指标和已批复的相关规划，进一步确定地下水取用水总量和水位双控制体系，制定年度地下水开采计划，建立地下水水位预警体系，防止出现新的超采区。根据当地地下水赋存条件、水源类型、资源量等，设立地下水位（埋深）预警线，达到或超过预警线时，及时发布相应级别的预警信息，限制或停止开采地下水。

严格地下水超采区治理工作。在地下水超采区，禁止新增农业、工业建设项目取用地下水；严禁农业开采深层地下水，已开采的要列入关停计划，限时关停；依法规范机电井建设审批管理，严格限制审批新增机电井；严禁抽用地下水发展高耗水产业；深层地下水原则上只能作为应急和战略储备水源。

5.2 实施最严格水资源管理的决策方法

黄河流域实施最严格水资源管理制度是根据国家实施最严格水资源管理制度的总体要求，结合黄河流域水资源本底、经济社会和生态环境条件，坚持以人为本，着力解决人民群众最关心、最直接、最现实的水资源问题，保障饮水安全、供水安全和生态安全；坚持人水和谐，尊重自然规律和经济社会发展规律，处理好水资源开发与保护关系，以水定需、量水而行、因水制宜；坚持统筹兼顾，协调好生活、生产和生态用水，协调好上下游、左右岸、干支流、地表水和地下水关系；坚持改革创新，完善水资源管理体制和机制，改进管理方式和方法；坚持因地制宜，实行分类指导，注重制度实施的可行性和有效性。在实施黄河流域最严格水资源管理制度中有重点、有创新。

5.2.1 面向水循环过程

水资源在数量上为扣除降水期蒸发的总降水量，通过天然水循环不断得到补充和更新，同时受到开发利用的人工调控和人类活动的其他影响。地表水、地下水的水量、水质监测，是实行最严格水资源管理制度“三条红线”的重要基础。

黄河流域水资源量和时空分布受水循环要素及其过程变化影响，20 世纪 80 年代以来受气候变化和人类活动的双重影响，黄河流域水资源发生显著变化，水资源量明显减少、时空分布更加不均，影响了黄河流域水资源的开发利用。近年来，在强烈的人类活动的干扰下，水循环发生了深刻的变化，并呈现出明显的人工－自然的二元循环特征。人类活动对区域水循环的影响主要表现在两个方面：第一，随着经济和社会发展，河道外引用消耗的水量不断增加，直接造成地表径流量减少，水文站实测径流已不能代表天然情况。第二，工农业生产、基础设施建设和生态环境建设改变了黄河流域下垫面条件（包括植被、土壤、水面、耕地、潜水位等因素），导致入渗、径流、蒸散发等水平衡要素变化，从而造成产流量减少或增加。区域水循环示意 图见图 5-1。

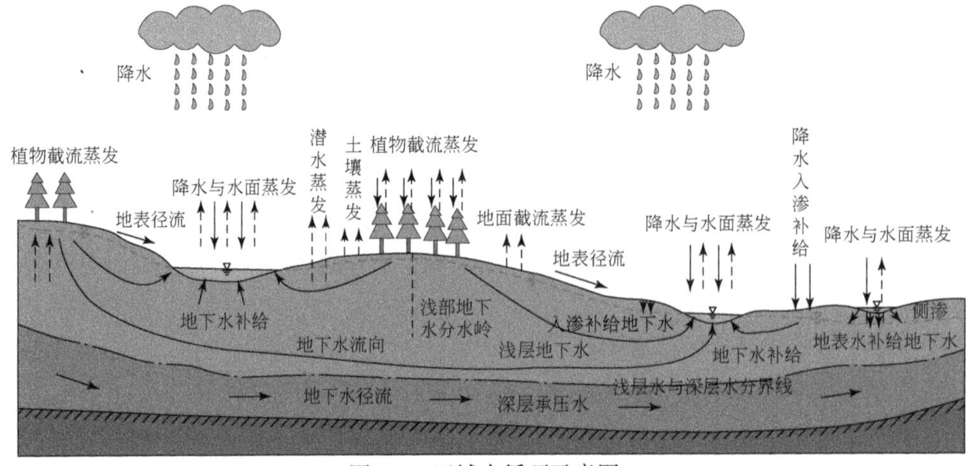

图 5-1 区域水循环示意图

黄河流域面向水循环过程实施最严格水资源管理，以二元水循环理论为指导，深入分析各种影响因素，充分考虑水循环过程的变化及其影响，以气候变化对黄河流域水资源的影响科学分析为基础，研究黄河流域水资源中长期趋势性变化的影响及极端事件的影响。

发展进程中的人类活动，从循环路径和循环特性两个方面明显改变了天然状态下的黄河流域水循环过程。从水循环路径看，水资源开发利用改变了江河湖泊关系，改变了地下水的赋存环境，也改变了地表水和地下水的转化路径。在天然水循环的大框架内，形成了由取水—输水—用水—排水—回归五个基本环节构成的侧支循环圈。黄河流域人工侧支水循环的形成和发展，使天然状态下地表径流和地下径流量不断减少。从水循环特性看，土地利用和城市化，大范围改变了地貌与植被分布，使黄河流域地表水的产汇流特性和地下水的补给排泄特性发生相应变化。人类取水—用水—排水过程中产生的蒸发渗漏，更对黄河流域水文特性产生了直接影响。人类活动使天然状态下降水、蒸发、产流、汇流、入渗、排泄等黄河流域水循环特性发生了全面改变。

（1）根据水循环变化控制用水总量

黄河流域地表水和地下水的可利用量受水循环过程的变化影响均不是固定的，要根据二元模型进行计算，必须根据不断变化的动态补给情况对地下水可利用量进行调整。研究表明，与 1956 ~ 1979 年相比，1979 ~ 2000 年黄河径流量减少了 18%，从 580 亿 m^3 减少为 534.8 亿 m^3，预测 2030 年进一步减少为 515 亿 m^3 左右，因此不同时期总量控制是根据环境变化制定。

黄河流域用水总量控制考虑：下垫面条件变化引起的地表径流量减少、新增工程条件增加的可供水量及人工侧支循环的引退水关系变化引起的耗水量增加，对不同水平年采取不同的用水总量控制指标，见表 5-1。

表 5-1 黄河流域不同时段用水总量控制 （单位：亿 m^3）

地区	现状	南水北调中线生效后	南水北调西线一期生效后
青海	18.87	19.07	25.01
四川	0.46	0.44	0.44
甘肃	41.60	43.47	52.38
宁夏	73.77	73.27	89.30
内蒙古	80.81	89.13	105.32
陕西	69.81	74.46	97.76
山西	57.08	64.43	67.74
河南	54.86	59.92	60.49
山东	19.74	20.36	22.33
合计	416.98	444.55	520.76

资料来源：《黄河流域水资源综合规划（2012—2030）》。

注：因四舍五入的原因，部分合计数值与分项数值之和稍有出入。

（2）考虑水循环对纳污能力的影响

据评价现状条件下，黄河流域现状年COD纳污能力为125.3万t，氨氮纳污能力为5.82万t。考虑河流水流条件变化，一方面径流减少导致的纳污能力降低，另一方面是南水北调西线等工程生效后，外调水源增加河川径流，综合分析未来河流纳污能力较现状年有所增加，规划水平年COD纳污能力为155.2万t，氨氮纳污能力为7.27万t。

由于受黄河流域经济发展格局、城市分布、工业布局的影响，以及黄河上游源区经济发展水平、黄河中游河段沿河地形条件和黄河下游堤防建设实际情况的制约，本次规划核定的黄河水功能区纳污能力并不能得到充分的使用。现实情况是部分城市河段的集中排污，造成了其污染物入河量远远超出了其水功能区的纳污能力，而远离城市和工业集中排污的水功能区，受纳的污染物量很小。在水资源保护规划和实际管理中，需要综合考虑黄河流域的城市和工业等布局实际及河流的水资源与水环境条件，核定黄河流域可利用的水域纳污能力资源（可利用纳污能力）。

根据各水功能区统计，黄河流域现状年可利用纳污能力COD为73.9万t，氨氮为3.41万t，分别占黄河流域现状年纳污能力总量的59.0%和58.6%；规划年主要水功能区可利用纳污能力COD为81.2万t，氨氮为3.82万t，分别占规划年纳污能力总量的52.3%和52.5%。详见表5-2。

表5-2　黄河流域纳污能力计算成果　　（单位：万t）

省区	现状年						规划年					
	COD			氨氮			COD			氨氮		
	总量	不可利用量	可利用量	总量	不可利用量	可利用量	总量	不可利用量	可利用量	总量	不可利用量	可利用量
青海	4.98	1.84	3.14	0.18	0.06	0.12	5.47	1.84	3.64	0.20	0.06	0.14
甘肃	29.68	5.45	24.23	1.38	0.19	1.19	29.68	5.45	24.23	1.38	0.19	1.19
宁夏	21.16	7.51	13.65	0.91	0.52	0.39	22.75	7.67	15.08	0.99	0.53	0.46
内蒙古	15.23	10.43	4.80	0.68	0.41	0.27	30.00	24.60	5.40	1.41	1.05	0.36
陕西	18.01	7.47	10.55	1.00	0.38	0.61	21.48	10.93	10.55	1.17	0.56	0.61
山西	10.96	3.83	7.13	0.54	0.18	0.36	13.87	5.05	8.82	0.68	0.23	0.45
河南	18.09	11.96	6.13	0.81	0.53	0.27	21.05	13.10	7.96	0.94	0.58	0.36
山东	7.15	2.85	4.29	0.33	0.13	0.20	10.91	5.39	5.51	0.50	0.25	0.25
黄河流域	125.26	51.34	73.92	5.82	2.40	3.41	155.22	74.04	81.19	7.27	3.45	3.82

注：因四舍五入的原因，部分合计数据与分项之和稍有出入。

5.2.2　科学评估承载能力

水资源承载力决定了土地资源的承载力，最严格水资源管理充分考虑黄河流域水资源承载能力的动态变化，合理确定黄河流域经济社会发展的总体规模。

（1）影响黄河流域水资源承载能力的主要因素

1）水资源条件及开发利用程度。水资源的开发利用程度及开发利用方式，直接影响到生产和生态建设的可利用水资源量。

2）生产力水平。不同历史时期或同一历史时期的不同地区都具有不同的生产力水平，利用单方水可生产不同数量及不同质量的工农业产品，水资源承载能力研究必须对现状与未来的生产力水平进行预测。

3）社会消费水平与结构。在社会生产能力确定的条件下，社会消费水平及结构将决定水资源承载能力的大小。同样生产力条件下，可以承载在较低生活水平下的较多人口，也可以承载在较高生活水平下的较少人口。

4）科学技术。历史进程已经证明了科学技术是推动生产力进步的重要因素，未来的基因工程、信息工程等高新技术将对提高工农业生产水平具有不可低估的作用，进而对提高水资源承载能力产生重要影响。

5）其他资源潜力。社会生产不仅需要水资源，而且还需要其他如矿藏、森林、土地等资源的支持。在内陆干旱区，社会经济发展不仅直接受到水资源的承载，还受到土地与森林草地资源的承载，而土地和森林草地资源也受到水资源的承载，从而绿洲社会经济发展和生态环境建设对水资源都十分敏感。

6）市场与政策法规因素。商品市场的存在决定了产地与销地之间的调出调入，生产单位产品所耗用的水资源也随之调入调出。政策法规因素对区域产业结构和市场格局均会产生影响，从而对水资源承载力产生影响。

（2）水资源承载能力评估

研究黄河流域七个方面的关系：水资源的组成结构与开发利用方式、水资源与其他资源之间的平衡关系、国民经济发展规模及内部结构、水资源的开发利用与国民经济发展之间的平衡关系、生态系统保护范围及程度、水资源的开发利用与生态环境保护之间的平衡关系、人口发展与社会经济发展的平衡关系。寻求进一步开发水资源的潜力、提高水资源承载能力的有效途径和措施，探讨人口适度增长、资源有效利用、生态环境逐步改善、经济协调发展的战略和对策。

黄河水资源承载能力具有动态性特点。动态性是指黄河水资源承载能力与具体的发展阶段有直接关系，不同的发展阶段有不同的承载能力，这体现在两个方面，一是不同的发展阶段人类开发水资源的技术手段不同，二是不同的发展阶段人类利用水资源的水平不同。这种动态特性决定了必须分阶段地分析发展进程中的水资源承载能力。

根据黄河流域不同阶段的经济社会发展水平和水资源开发利用效率，计算提出不同阶段的水资源承载能力状况见表 5-3。

表 5-3 黄河流域不同水平年水资源承载能力

项目	2020 年	2030 年
人口规模（万人）	12 658.4	13 093.9
经济总量（亿元）	40 968.6	76 799.2
工业发展（亿元）	18 395.6	35 687.4
灌溉面积（万亩）	9 340.8	9 879.5
牲畜数量（万头只）	12 012.0	13 286.4

5.2.3 水资源全口径分配

（1）合理分配地表水，保障断面下泄水量

随着经济社会的发展和人民生活水平的提高，用水需求还会有所增加，考虑各水平年还要规划新增一批供水工程，包括黑山峡河段工程、古贤水利枢纽工程等蓄水工程，引大济湟、引洮供水等引水工程及宁夏扶贫扬黄灌溉工程、渭南市东雷二期抽黄工程等提水工程，以满足区域用水需求。黄河流域内新增一批蓄引提工程，新增地表水供水能力 150 亿 m^3 左右，到 2030 年水平，考虑南水北调西线一期工程等跨流域调水工程的实施生效，预计黄河流域内地表水供水能力将达到 470 亿 m^3 左右。

在南水北调西线一期工程工程生效前，规划新增的供水工程可增加黄河流域地表水供水能力，在一定程度上缓解黄河流域水资源时空分布不均的问题，但由于受黄河地表水资源可利用量的制约，黄河流域地表可供水量远小于工程供水能力。经长系列（1956 ~ 2000 年，即 45 年系列）调算，各水平年多年平均地表供水量基本维持在 400 亿 m^3，其中向黄河流域外供水量 90 亿 m^3 左右。

2030 年南水北调西线一期工程及引汉济渭等调水工程生效后，黄河流域调入水量为 97.63 亿 m^3，调入水量的一部分用于河道内生态环境，一部分用于工农业生产，增加黄河地表供水量，多年平均地表可供水量提高到 472.5 亿 m^3，其中向黄河流域外供水量为 97.3 亿 m^3，见表 5-4。

表 5-4 黄河流域各水平年地表供水量 （单位：亿 m^3）

水平年	多年平均		中等枯水年		特殊枯水年	
	黄河流域内	黄河流域外	黄河流域内	黄河流域外	黄河流域内	黄河流域外
基准年	304.82	97.87	276.92	93.58	235.79	78.60
2020 年	309.68	92.80	274.38	82.42	236.31	70.00
2020 年有引汉	321.57	92.80	286.16	82.42	248.09	70.00
2030 年	297.54	92.42	258.76	78.97	231.99	70.00
2030 年有西线、有引汉	375.12	97.34	334.74	83.66	305.93	74.00

注：西线指南水北调西线工程，引汉指陕西省的引汉济渭工程。

地表水量分配通过供需平衡长系列计算，从全年、汛期和非汛期水量来看，各方案干支流主要断面下泄水量不能完全满足断面河道内生态环境需水量的要求，见表 5-5。

兰州断面由于来水量大，断面以上用水少，汛期、非汛期均能满足河道内生态环境需水量要求。

表 5-5　黄河干支流主要断面各水平年下泄水量　　（单位：亿 m^3）

计算系列断面下泄量		兰州断面	河口镇断面	花园口断面	利津断面	湟水断面	洮河断面	渭河断面	汾河断面	伊洛河断面	沁河断面	大汶河断面
基准年	全年	303.0	198.9	313.5	206.7	12.2	45.8	64.6	7.6	24.0	9.0	9.2
	汛期	161.6	117.5	162.3	137.9	8.1	26.5	41.5	4.9	14.0	5.8	7.9
	非汛期	141.4	81.3	151.2	68.8	4.1	19.3	23.1	2.7	10.0	3.3	1.3
2020 年	全年	300.6	205.2	282.6	188.8	11.9	46.1	63.3	6.2	20.6	8.7	8.9
	汛期	168.6	128.9	160.2	137.6	7.9	26.7	41.4	4.3	13.0	5.7	7.6
	非汛期	132.1	76.3	122.4	51.2	4.0	19.4	21.9	1.8	7.6	3.0	1.3
2030 年	全年	299.3	202.6	274.3	185.8	12.6	46.3	63.2	6.1	19.1	8.0	8.8
	汛期	174.7	131.9	152.6	134.4	8.4	26.8	41.4	4.3	12.4	5.4	7.5
	非汛期	124.6	70.7	121.7	51.4	4.2	19.5	21.8	1.8	6.7	2.6	1.3
2030 年有西线、有引汉	全年	370.3	231.6	300.2	211.4	11.1	45.6	64.7	6.0	19.1	8.1	8.8
	汛期	199.7	142.0	161.5	142.6	7.1	26.4	43.0	4.3	12.4	5.5	7.5
	非汛期	170.6	89.6	138.7	68.8	4.0	19.2	21.7	1.7	6.7	2.6	1.3

河口镇断面下泄水量对宁蒙河段输沙塑槽和中下游用水具有重要作用、缓解全流域供需矛盾，充分发挥大型水库调蓄作用，充分保证河口镇断面河道内生态环境需水量，基本能够满足控制下泄要求。

花园口断面汛期水量比河道内生态环境需水量少 30 亿 ~ 37 亿 m^3。

利津断面全年下泄水量比 220 亿 m^3 少 9 亿 ~ 34 亿 m^3，汛期则少 27 亿 ~ 36 亿 m^3，考虑到黄河流域属于资源性缺水流域，在不考虑南水北调西线一期工程情况下属于缺水配置，采取河道内外都缺水的方式是合理的。2030 年水平在南水北调西线一期工程生效后，由于下垫面减水 20 亿 m^3，全年下泄水量满足利津断面低限 200 亿 m^3 要求，但汛期仍有 10 多亿 m^3 的不足，考虑到 2030 年水平水土保持发挥减沙效益，也基本满足利津断面要求。

（2）合理分配地下水，维持适宜的地下水位

黄河流域平原区（矿化度≤ 2g/L）的多年平均浅层地下水资源量为 154.6 亿 m^3，可开采量为 119.4 亿 m^3。黄河流域地下水现状供水量为 137.2 亿 m^3，从黄河流域地下水开采情况分析，部分地区浅层地下水已经超采，部分地区尚存在一定的开采潜力。

地下水开采量分配的原则：逐步退还深层地下水开采量和平原区浅层地下水超采量；在尚有地下水开采潜力的宁夏、内蒙古地区适当增加地下水开采量；山丘区地下水开采量参照（1980 ~ 2000 年）的统计数据，基本维持现状开采量。

黄河流域地下水分配，在现状基础上退减深层地下水开采量及浅层地下水超采量为 24.0 亿 m^3，基准年规划开采量为 113.2 亿 m^3，到 2030 年，新增浅层地下水开采量为 12.1

亿 m^3，浅层地下水开采量达到 125.3 亿 m^3，其中平原区浅层地下水开采量为 92.1 亿 m^3，山丘区浅层地下水开采量维持在 33.2 亿 m^3，见表 5-6。

表 5-6　各水平年地下水规划开采量及其分布　（单位：亿 m^3）

二级区及省区		地下水可开采量	规划开采量					
			基准年		2020 年		2030 年	
			规划开采量	其中：平原区	规划开采量	其中：平原区	规划开采量	其中：平原区
二级区	龙羊峡以上	0.61	0.11	0.11	0.12	0.12	0.12	0.12
	龙羊峡至兰州	2.48	5.30	3.08	5.33	3.11	5.33	3.11
	兰州至河口镇	38.52	18.83	15.32	26.38	22.87	27.39	23.88
	河口镇至龙门	12.78	4.55	3.07	7.48	6.00	8.62	7.14
	龙门至三门峡	41.87	47.27	38.29	47.00	38.02	46.77	37.79
	三门峡至花园口	6.68	13.73	7.04	13.76	7.07	13.57	6.88
	花园口以下	11.94	20.13	9.77	20.33	9.97	20.20	9.84
	内流区	4.51	3.29	3.29	3.29	3.29	3.29	3.29
省区	青海	3.09	3.24	2.50	3.26	2.52	3.27	2.53
	四川	0.00	0.01	0.00	0.02	0.01	0.02	0.01
	甘肃	0.28	5.66	0.30	5.67	0.31	5.68	0.32
	宁夏	16.95	5.68	4.68	7.68	6.68	7.68	6.68
	内蒙古	29.61	16.88	15.14	23.76	22.02	25.08	23.34
	陕西	35.79	27.56	25.71	28.87	27.02	29.51	27.66
	山西	14.83	21.08	14.82	21.11	14.85	21.06	14.80
	河南	16.98	21.50	15.16	21.77	15.43	21.55	15.21
	山东	1.86	11.60	1.66	11.55	1.61	11.44	1.50
黄河流域		119.39	113.21	79.97	123.69	90.45	125.29	92.05

（3）有序分配非常规水源

1）污水处理再利用量。黄河流域目前各省区污水处理率低、再利用很不平衡。根据国家对污水处理再利用的要求，结合黄河流域污水处理再利用的情况，到 2030 年，污水处理率达到 90%，再利用率达到 40% ~ 50%。

2）集雨工程。集雨利用可为干旱山区群众提供最基本的生存和发展的用水保障，据现状调查，黄河流域集雨工程有 225 万处，利用雨水资源量为 0.78 亿 m^3。

3）微咸水利用。在黄河流域的一些地区，微咸水的分布较广，可利用的数量也较大，微咸水的合理开发利用对缓解某些地区水资源紧缺状况有一定的作用。据现状调查，黄河流域可利用微咸水量为 1.27 亿 m^3，基准年规划利用量为 0.93 亿 m^3。

黄河流域不同水平年非常规水源分配利用量见表 5-7。

表 5-7　黄河流域非常规水源分配量

二级区及省区		污水回用（亿 m^3）		集雨工程（万 m^3）			微咸水利用（万 m^3）
		2020 年	2030 年	基准年	2020 年	2030 年	基准年
二级区	龙羊峡以上	0.02	0.03	1	2	2	0
	龙羊峡至兰州	0.99	1.53	1 048	1 180	1 210	0
	兰州至河口镇	2.25	3.61	1 702	2 162	2 349	5 163
	河口镇至龙门	0.65	1.16	963	3 932	4 735	0
	龙门至三门峡	4.67	8.05	3 880	6 085	6 938	3 984
	三门峡至花园口	1.44	2.54	206	297	328	0
	花园口以下	0.97	1.67	0	0	0	0
	内流区	0.04	0.07	25	319	442	180
省区	青海	0.13	0.33	330	656	656	0
	四川	0.00	0.00	0	0	0	0
	甘肃	1.85	3.03	3 469	4 547	5 351	0
	宁夏	0.70	1.14	1 285	1 862	2 089	5 577
	内蒙古	1.21	1.93	270	2 147	3 042	0
	陕西	3.15	5.24	2 246	4 384	4 429	3 750
	山西	1.65	3.02	0	0	0	0
	河南	1.53	2.74	224	379	437	0
	山东	0.80	1.33	0	0	0	0
黄河流域		11.03	18.76	7 824	13 975	16 004	9 327

5.2.4　水资源全要素决策

（1）取耗水总量控制

黄河流域水资源合理配置的整体调控分三个层次进行。

1）在区域发展层次，保持人与自然的和谐关系，不断调整发展进程中人 – 地关系和人 – 水关系，兼顾除害与兴利、当前与长远、局部与全局，在社会经济发展与生态环境保护两类目标间权衡；通过梯级水库调节运用，提高黄河流域水循环的有效部分和可控部分，进行社会经济用水与生态环境用水的合理分配；在调控水循环的同时调控其相关的水 –

沙、水－盐、水－化学、水－生态过程，力争使长期发展的社会净福利达到最大。

2）在经济层次，对水资源需求侧与供给侧同时调控，使社会经济发展与资源环境的承载能力相互适应。依据边际成本替代准则，在需求侧进行生产力布局调整、产业结构调整、水价格调整、分行业节水等措施，抑制需求过度增长并提高水资源利用效率；在供给侧统筹安排西部缺水地区雨水和沿海地区海水直接利用、洪水和污水资源化、地表水和地下水联合利用，增加水资源对黄河流域发展的综合保障功能。

3）在工程建设与调度管理层次，着手构建黄河流域水沙调控体系、调动各种手段改善水资源的时空分布和水环境质量以满足发展需求；对水资源开发利用中存在的市场失效现象与外部性，通过水资源统一管理和总量控制使各种不经济性内部化。在发展进程中力求开发与保护、节流与开源、污染与治理、需要与可能之间实现动态平衡，寻求经济合理、技术可行、环境无害的开发、利用、保护与管理方式。

由于水资源同时具有自然、社会、经济和生态属性，其合理配置问题涉及国家与地方等多个决策层次，部门与地区等多个决策主体，近期与远期等多个决策时段，社会、经济、环境等多个决策目标，以及水文、生态、工程、环境、市场、资金等多类风险，是一个高度复杂的多阶段、多层次、多目标、多决策主体的风险决策问题。因此，还需要对水资源合理配置的决策方法进行创新。

根据黄河流域水资源多目标配置问题的决策特点，建立相应的多层次、多目标、群决策求解方法。对黄河流域水资源、社会经济和生态环境三个系统分别用数学模型加以描述和模拟，再用总体模型进行综合集成与优化。黄河流域水资源二元演化模型描述天然循环和人工侧支循环之间此消彼涨的相互作用和“四水”（大气水、地表水、土壤水、潜水）转化关系。宏观经济模型描述产业部门之间的投入－产出关系，地区之间的调入－调出关系，以及年度之间的积累－消费关系。生态需水模型描述伴随水循环演变的水与生态系统的相互作用过程。多层次、多目标、群决策模型作为总体模型描述合理配置问题的各主要方面。通过总体模型与分系统模型的信息反馈，实现优化与模拟的结合，实现群决策过程中各决策主体间的交流，将决策风险和利益冲突减至最小。

最严格水资源管理决策对黄河流域的取水和耗水总量实施双控，根据黄河流域水资源多目标优化及最严格水资源管理决策，供水总量控制为444.55亿m^3，地表水耗水总量控制为332.79亿m^3，保证黄河入海水量满足需求量187.0亿m^3，黄河流域取水与耗水总量控制见表5-8。

表5-8　黄河流域供水总量与耗水总量控制　　（单位：亿m^3）

二级区及省区		供水总量				黄河地表水消耗量		
		地表水供水量	地下水供水量	其他供水量	合计	流域内消耗量	流域外消耗量	合计
二级区	龙羊峡以上	2.60	0.12	0.02	2.74	2.30	0.00	2.30
	龙羊峡至兰州	28.99	5.33	1.12	35.44	22.28	0.40	22.68
	兰州至河口镇	135.55	26.40	2.46	164.41	96.95	1.60	98.55

续表

二级区及省区		供水总量				黄河地表水消耗量		
		地表水供水量	地下水供水量	其他供水量	合计	流域内消耗量	流域外消耗量	合计
二级区	河口镇至龙门	14.58	7.48	1.04	23.10	11.63	5.60	17.23
	龙门至三门峡	80.19	47.00	5.28	132.47	67.34	0.00	67.34
	三门峡至花园口	22.00	13.76	1.47	37.22	17.66	8.22	25.88
	花园口以下	23.38	20.33	0.97	44.68	20.34	77.52	97.86
	内流区	1.14	3.29	0.08	4.51	0.94	0.00	0.94
省区	青海	15.60	3.26	0.20	19.07	13.16	0.00	13.16
	四川	0.42	0.02	0.00	0.44	0.37	0.00	0.37
	甘肃	35.49	5.67	2.30	43.47	26.37	2.00	28.37
	宁夏	64.70	7.68	0.89	73.27	37.32	0.00	37.32
	内蒙古	63.95	23.76	1.42	89.13	54.68	0.00	54.68
	陕西	42.00	28.86	3.59	74.46	35.46	0.00	35.46
	山西	41.67	21.11	1.65	64.43	34.62	5.60	40.22
	河南	36.57	21.77	1.57	59.92	30.97	20.72	51.69
	山东	8.00	11.55	0.80	20.36	6.50	58.82	65.32
	河北	0.00	0.00	0.00	0.00	0.00	6.20	6.20
合计		308.42	123.70	12.43	444.55	239.45	93.34	332.79

注：因为四舍五入的原因，合计的数据稍有出入。

（2）用水效率控制

用水环节作为中间过程，用水效率控制目标的实现直接关系到用水总量控制目标的实现，并且与废污水排放量、水功能区水质达标情况有很大的相关性。用水效率控制是与具体用水行为关系最紧密、效果最直接的管理手段，因此，严格控制用水效率是实施最严格水资源管理制度的关键环节。黄河流域属缺水流域，水资源高效利用的直接效用就是提高用水效率，杜绝各种用水浪费，更进一步的减少取用水总量，实现水资源开发利用总量控制，最终实现水资源的可持续利用。

按照建设节水型社会的要求，以可持续利用为目标，在充分考虑节约用水的前提下，根据各地区的水资源承载能力、水资源开发利用条件和工程布局等众多因素，并参考用水效率较高地区的用水水平，对国民经济需水量进行了多种用水（节水）模式下的需水方案研究。主要体现在由不同的节水措施组合和节水力度的大小估算出多个方案的节水量，进而产生多个方案的需水量来进行水资源的供需平衡，由供需平衡结果、水资源承载能力和投资规模来决定需水方案的采用。黄河流域节水指标见表 5-9。

表 5-9　黄河流域 2030 年主要用水指标控制

项目	现状用水效率	用水效率控制目标
工业需水定额（m^3/万元）	36.1	30.4
工业重复利用率（%）	61.3	87.7
城市管网漏失率（%）	17.9	10.9
城市居民用水定额（L/人·d）	133	125
灌溉水利用系数	0.52	0.61
农田灌溉定额（m^3/亩）	407	359

（3）污染物削减、入河量控制

水功能区限制纳污红线是以水体功能相适应的保护目标为依据，根据水功能区水环境容量，严格控制水功能区受纳污染物总量，并以此作为水资源管理及水污染防治管理不可逾越的限制。该红线要求按照水功能区划对水质的要求和水体的自净能力，核定水域纳污能力，提出限制排污总量。合理的水功能区限制纳污总量体系建立所要求的关键部分就是水功能区纳污能力与限制排污总量的准确核算及水功能区限制排污总量时空分配的确定。

根据国家水环境质量标准，结合黄河水功能区水质控制目标要求，通过控制污染源的排污总量和相应的污染物处理措施，把污染物负荷总量控制在自然水体环境承载能力范围之内。

2020 水平年：对黄河干流及主要支流主要饮用水源区、省区界水体重要功能区，无论入河污染物削减量多大，都应在 2020 年达到水质目标要求，即若入河量小于纳污能力，则入河量作为其入河控制量；若入河量大于或等于纳污能力，则入河控制量等于纳污能力。

对其他功能区，若水功能区污染物入河量小于水域纳污能力，一般情况，污染物入河控制量等于入河量；但若水功能区所对应陆域城市今后社会经济发展潜力较大，视具体情况部分水功能区入河控制量可按纳污能力进行控制。

若水功能区污染物入河量大于纳污能力，水功能区污染比较严重，可根据实际情况制定污染物削减方案，但应保证 2030 年达到功能区水质目标。

2030 水平年：若入河量小于纳污能力，一般污染物入河控制量等于入河量；但若水功能区今后社会经济发展潜力较大，视具体情况部分水功能区入河控制量可按纳污能力进行控制。若入河量大于或等于纳污能力，入河控制量等于纳污能力。

2020 水平年和 2030 水平年，黄河流域 COD 年入河控制量分别为 29.50 万 t、25.88 万 t；氨氮年入河控制量分别为 2.80 万 t、2.18 万 t。详见表 5-10。

表 5-10　黄河流域污染物入河总量控制　　　　（单位：万 t）

省区	水平年	COD 入河总量	氨氮入河总量
青海	2020 年	0.97	0.07
	2030 年	0.73	0.05

续表

省区	水平年	COD 入河总量	氨氮入河总量
甘肃	2020 年	6.61	0.71
	2030 年	5.96	0.58
宁夏	2020 年	3.07	0.43
	2030 年	2.87	0.37
内蒙古	2020 年	3.74	0.32
	2030 年	3.36	0.30
陕西	2020 年	7.22	0.55
	2030 年	6.51	0.45
山西	2020 年	3.36	0.34
	2030 年	2.61	0.19
河南	2020 年	3.29	0.27
	2030 年	2.91	0.18
山东	2020 年	1.24	0.11
	2030 年	0.93	0.06
合计	2020 年	29.50	2.80
	2030 年	25.88	2.18

注: 水功能区纳污能力分布不均，目前黄河流域约有 70% 左右的排污口集中在城市河段，而这些河段的纳污能力有限，因此，规划确定的污染物入河控制量小于纳污能力。

5.3 实施最严格水资源管理的策略

5.3.1 强化流域需水管理

黄河流域水资源总需求一方面影响供水量、供水工程建设，新增的用水需要新的水源工程提供水量，不能满足的用水需求会形成缺水，加剧水资源的供需矛盾；另一方面会影响排水量，新增大量的用水会造成排水量的增加，给生态环境带来压力。根据黄河流域未来各种用水（节水）模式下的需水方案的比选分析，综合考虑以下几个方面。

1）反映了今后相当长的时期内黄河流域国民经济和社会发展长期持续稳定增长对水资源的合理要求，保障了黄河流域经济社会的可持续发展。

2）资源节约环境友好型社会建设的要求：水资源利用效率总体达到全国先进水平。

3）保障河流和地下水生态系统的用水要求，并退还了现状国民经济挤占的生态环境用水量。

4）水资源供需平衡分析成果的多次协调平衡。

黄河流域推荐“强化节水模式”作为黄河流域未来需水总量的控制方案，该方案下的水资源需求总体上呈现低速增长态势，经济技术指标优良、合理可行，并且相对投资较省。

黄河流域属缺水流域坚持节水优先，大力推进节水型社会建设，提高水资源利用效率和效益，减少污水排放，提升水环境承载能力。在满足生活用水的前提下，兼顾生产用水、保障生态用水。要落实用水效率红线管理，关键要在优化供水结构上抓紧突破。社会经济发展方式粗放，用水结构不合理，是导致污染排放迅速增加、水体污染日趋严重、可用的水环境容量越来越小的主要原因。必须通过行政和经济手段，促进水资源向低耗水、低污染、低排放、高效益的高新技术产业和现代服务业优化配置，促进企业中水回用、循环利用，继续加强节水载体建设，鼓励各行各业的节水减排，以节水型社会建设促进经济发展方式的转变。

通过实施最严格水资源管理制度，建立与黄河流域水资源承载力水平向适应的经济规模、结构和布局转变。

适度控制人口增长。根据黄河流域水资源条件，控制各区域人口增长速度和总量。控制 2020 年和 2030 年城镇人口分别为 6374 万人和 7704 万人，城镇化率分别为 50% 和 59%，2030 年较现状年提高了 10 个百分点，各省区城镇化水平提高显著。

适宜的经济规模。根据水资源承载能力水平，优化黄河流域人力、资源配置支撑黄河流域经济增速，2020 年和 2030 年黄河流域 GDP 分别达到 40 968.60 亿元和 76 799.24 亿元，增长率分别为 8.1% 和 6.5%，2006 ~ 2030 年年均增长率为 7.4%，2020 年和 2030 年黄河流域人均 GDP 将分别达到 3.24 万元和 5.87 万元。

优化产业结构。根据国家产业结构调整和西部大开发战略的实施，预计到 2030 年，黄河流域三次产业结构将调整为 4.7 ： 52.7 ： 42.6。第一产业增加值占 GDP 的比例将持续下降；第二产业的比例逐渐减少，主要是优化内部结构，黄河流域是全国能源重化工基地，根据国家发展的需要，今后能源、原材料工业还要保持高速发展，同时积极增加制造业和高新技术产业；第三产业比例提高较快。

控制黄河流域多年平均河道外总需水量由基准年的 485.79 亿 m^3，增加到 2030 年的 547.33 亿 m^3，24 年净增了 61.54 亿 m^3，年增长率为 0.5%。黄河流域未来需水管理见表 5-11。

表 5-11　黄河流域需水量控制　（单位：亿 m^3）

二级区及省区		基准年	2020 年	2030 年
二级区	龙羊峡以上	2.44	2.63	3.39
	龙羊峡至兰州	41.78	48.19	50.68
	兰州至河口镇	204.40	200.26	205.64
	河口镇至龙门	19.40	26.20	32.37
	龙门至三门峡	133.72	150.93	158.28

续表

二级区及省区		基准年	2020 年	2030 年
二级区	三门峡至花园口	29.90	37.72	40.98
	花园口以下	48.66	49.31	49.79
	内流区	5.51	5.88	6.19
省区	青海	22.63	25.92	27.67
	四川	0.17	0.31	0.36
	甘肃	51.95	59.96	62.61
	宁夏	91.24	86.40	91.16
	内蒙古	107.09	107.13	108.85
	陕西	78.16	90.30	98.09
	山西	57.19	65.85	69.87
	河南	54.86	60.65	63.26
	山东	22.50	24.62	25.48
黄河流域		485.79	521.13	547.33

5.3.2 加强流域水资源合理配置

黄河流域是我国西北地区、华北地区的重要水源，以其占全国 2% 的径流量承担全国 15% 的耕地和 12% 的人口供水任务，同时还承担着向黄河流域外部分地区远距离调水的任务。黄河流域人均河川径流量为 473m^3，不足全国平均水平的 1/4，是我国水资源极其短缺的地区之一。黄河流域是国家重要能源基地和粮食主产区，自 20 世纪 70 年代以来用水刚性需求持续增长，水资源供需矛盾不断加剧、下游频繁断流。1987 年，国务院颁布的我国大江大河首个分水方案——《黄河可供水量分配方案》，是黄河流域水资源管理和调度的依据，对黄河流域水资源合理利用及节约用水起到了积极的推动作用。但由于黄河流域水资源情势发生了重大变化：水资源量持续减少、时空分布变异，用水特征和结构变化显著，未来将面临经济发展和水资源短缺的严峻挑战。此外，80 年代以来黄河流域地下水开采量大量增加，部分地区地下水超采严重，因此水资源配置中，充分考虑地表水和地下水的空间分布，统一考虑黄河流域地表水和浅层地下水资源的配置，严格限制并逐步消减地下水超采量，最终达到采补平衡，在地下水尚有潜力的地区，适当考虑增加地下水的开发利用。

加强黄河流域水资源合理配置，要充分考虑黄河流域的特点，以黄河流域干流水和地下水为中心，大力促进再生水利用，在有条件的地方开展微咸水和雨水利用，形成多水源联合调配的总体格局。配置方案在优先满足生活用水、保障基本生态环境用水、维持河流健康生命的基础上，通过水量配置引导产业规模布局优化，实现产业发展布局与水资源配置格局相协调，以水资源高效利用为核心，优化配置网络结构，形成全流域统筹、城乡兼顾、丰枯补给的水资源调配体系，保障黄河流域经济－社会－生态系统用水安全。

5.3.3 加强取—用—耗—排全过程管理

“把每一滴水从头管到脚”是对水资源系统全过程管理的一种形象描述，它将传统上以开发利用为主要目标的水资源利用视角与模式拓展为维护水资源自身可再生性、供用耗排水及生态与环境需水的综合管理，强调水资源管理不仅要注重水资源开发利用过程中的供用水管理，同时也要加强以取用水为基础的水资源形成与演变的管理，以取—用—耗—排为基本过程的社会水循环过程的管理及与社会水循环相伴生和联动的生态与环境用水调控管理。这种全过程管理模式是基于水资源系统观与人水和谐发展观的必然要求。

加强取水管理的目标是统筹安排、全面规划天然河道、湖泊、水库与地下水层的取水，尽量满足各类用户的需求；兼顾上下游、左右岸的利益，合理公平地分配水资源。政府通过实行取水许可制度和收取水资源费来直接进行取水管理。取水许可制度是行政计划管理手段，收取水资源费是经济管理手段。由于水的随机性，在干旱年份或在缺水年份，取水冲突现象非常突出。对上下游的取水冲突，上游取水者不仅要着力于自己的发展，还要兼顾下游的利益，管理者有责任帮助下游发展经济和合理开发利用水资源，下游在享受上游水资源的益处时，有义务分摊一部分水资源保护和开发的合理费用，同时要注重节约用水。在实际拟订水资源收费标准时，既要做到有利于水资源的管理，又要兼顾到经济运行和人民群众的实际承受能力；同时考虑不同地区、不同部门经济发展水平、社会环境效益与用水的具体情况，统筹兼顾，区别对待。

加强用水管理的核心思想是协调生产、生活和生态用水，共同建立安全可靠的水资源供给与节水型经济社会发展保障体系，达到黄河流域（区域）水资源供需的基本平衡。水资源是有限的，且增加供水量的难度在不断加大，因为开源需要的投入不断增多且增加的供水量有限。而用水量在不断增加，因此，只有依靠控制用水需求的增长来改善供求关系。这就要求黄河流域水行政主管部门强化用水管理，深入研究来水、供水、用水过程，实现三者之间的优化组合。为了保证水资源的可持续利用，人类的用水不可能无限制地增长，其用水总量是两种趋势综合利用的结果：一是用水规模扩大导致的用水总量增加趋势，二是单位面积或单位产品耗水降低产生的用水总量减少的趋势。两种趋势的均衡状态是用水量零增长（用水不再增长，但水资源的使用效益可不断提高，以满足社会、经济与生态环境协调发展的需要）状态。用水管理措施分为社会经济类与工程技术类。社会经济类管理包括政策、法制管理；建立节水型用水标准化体系；建立国家、地方、用水户多元化，多渠道投资体系；实行地区差价的水价和水资源费政策等。工程技术类包括改进地表水和地下水的监测与调度管理；设计和执行高效节水灌溉制度；按节水灌溉要求设计、实施新建和配套改造的灌溉项目；加快城市供水管网技术改造，降低管网漏失率，推广安装使用节水器具；建立节水技术跟踪、分类、评价信息系统。

耗水管理的实质是对传统水资源管理需求侧进行更深层次的调控和管理，也是对水循环过程中水资源消耗过程的管理，以有限水资源的可消耗量为上限，在保证基础产业，特别是农业基本效益的前提下，采取各种工程或非工程措施，最终实现水资源的高效利用。通过明确水资源在黄河流域水循环过程中的消耗结构和相应的消耗效用，以减少无效消耗量，提高有效消耗，使区域有限的水资源利用效率最大化，进一步提出区域水资源高效利用下水资源的净亏缺量，从而明确供水与耗水之间“真实”的节水量。黄河流域耗水管理立足于水循环全过程，是以全部水汽通量为对象的水资源利用与管理。在现代环境下，针对水资源短缺及水环境恶化日益严重的情势，立足于水循环过程，进行以水资源消耗为核心，以总量控制为约束的水资源管理，不仅有利于提高径流性水资源的利用效率，而且对进一步开源，充分利用非径流性水资源具有重要的作用；不仅有利于水量的合理利用，而且对水环境保护也具有重要的作用。加强排水管理的主体是开展污染防治、控制污染总量和划分水功能区。黄河流域管理机构应按照有关规定和黄河流域综合规划的有关要求，组织编制水污染防治规划，特别是畜禽和水产养殖污染的综合治理。积极推行清洁生产，加快工业污染防治从以末端治理为主向生产全过程控制的转变。使工业企业由主要污染物达标排放转向全面达标排放。保护好生活饮用水水源地，完善江河湖库水体和地下水水质监测网，对城市和企业污水处理设施运行进行监督。实行江河水体污染物排放总量控制制度。加强排污口监督管理，分河段和水域分别定出安全纳污量，实行排污总量控制，同时监测排污量。规定排污单位必须达标排放，并严格控制排污量以保证环境用水具备自净能力。科学划分水功能区，满足不同功能对水质的不同要求。

5.3.4 实施精细调度

为落实黄河流域年度总量控制方案，实施精细化的调度策略，每年 6 月根据下一年度的来水预报制定年度水量调度的预案，黄河流域水库调度在全河水量统一调度中作用显著，应对干旱调度的实施形式主要通过年内 [年度、月、旬（周）] 水量调度计划、实时和应急调度指令进行调度，实施部门主要通过黄河防汛抗旱指挥部办公室、黄河水利委员会水资源管理与调度局，实施过程为径流预报、旱情预测、年内水量调度计划、实时和应急调度指令。黄河流域水量调度业务流程如图 5-2 所示。

细化提出不同时间步长 [年、月、旬（周）、日等] 的调度方案，各个调度方案之间是存在密切关系的，存在不同时间步长嵌套的时间调控结构，如图 5-3 所示。年调度方案是根据年度来水情况并考虑工程情况提出的，给出年度总供水量和水库各月末的水位（库容）控制指标，时间步长为月，调度期一般为全年或者非汛期。月调度方案根据年度调度方案提出的水库水位控制指标和各月供水指标，考虑最新的来水、用水需求和工程信息，提出调度预留期的调度方案，时间步长也为月。旬（周）调度方案则是根据月调度方案提出的水库水位控制指标和面临月供水指标，考虑最新的来水、用水需求和工程信息，提出面临月各旬（周）的调度方案，时间步长为旬（周）。日调度方案是根据旬（周）调度方案提出的水库水位控制指标和面临旬（周）供水指标，考虑最新的来水、用水需求和工程信息，提出未来多日的调度方案，时间步长为日。日内如果出现意外情况，如断面控制流量预警不在域值范围之内等，一般可以临时调整河段配水来满足要求。

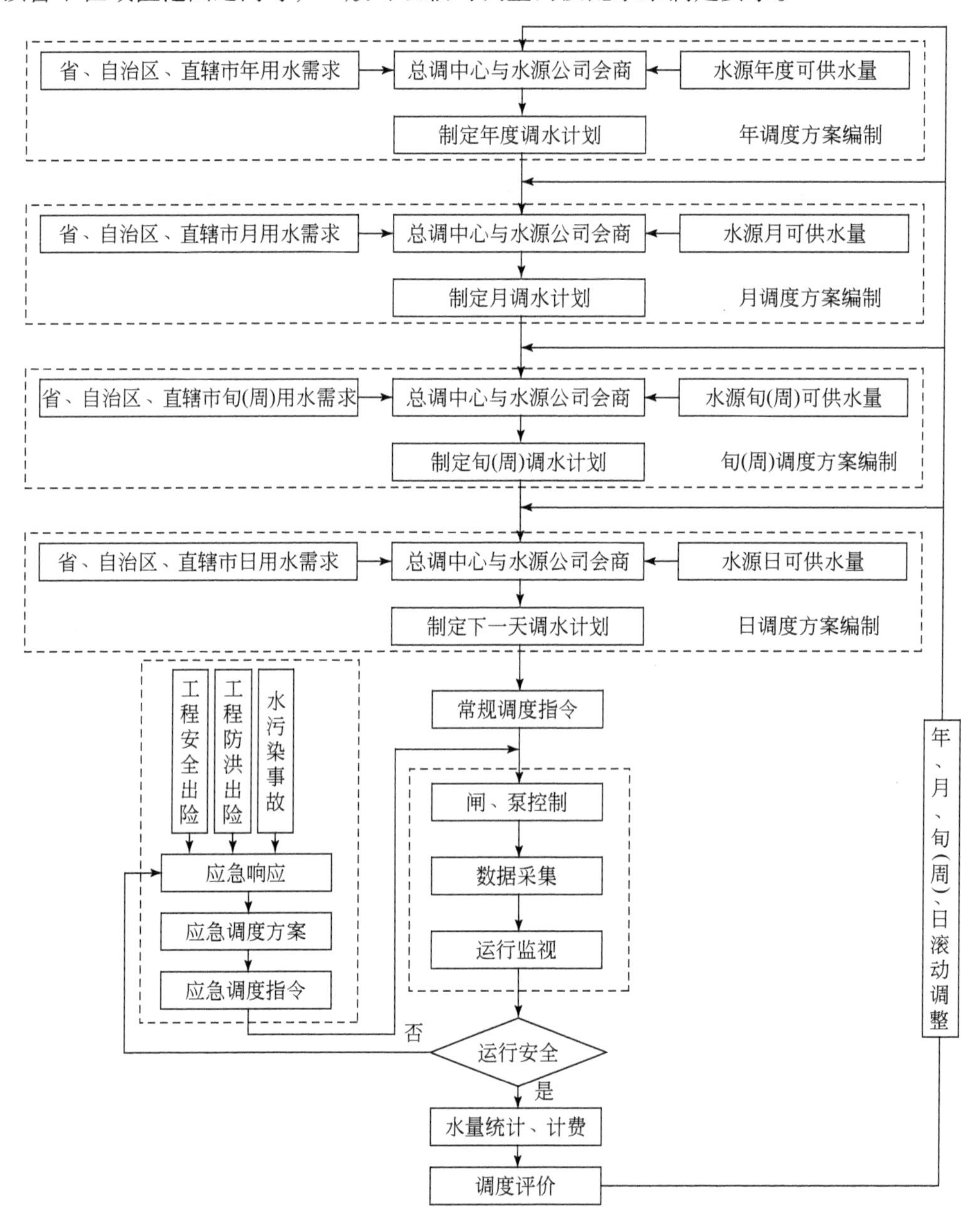

图 5-2　黄河流域水量调度业务流程图

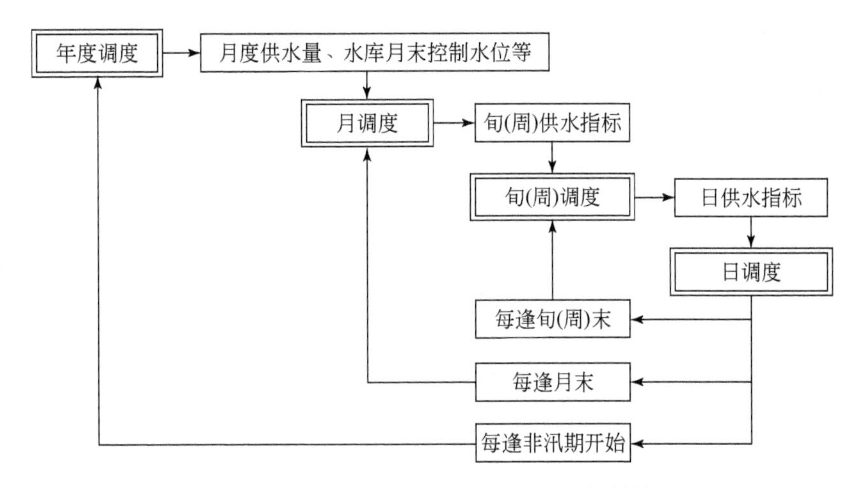

图 5-3　不同时间步长嵌套的时间调控结构

年度调度和月调度主要解决来水总量的宏观配置问题，旬（周）调度和日调度则是根据实时信息进行的实时调度。水量调度不同于电力调度，需求（即负荷）和供给变化得较为缓慢，而且调控机构（水库闸门和引水涵闸）也不允许频繁的短期开启或者关闭，因此实时（real-time）所指的时间步长较长，一般为日。一般来说，日调度指令在实际调度中就是实时调度指令，除非在紧急情况下才进行日内的调度调整。

调度方案的供水是根据来水确定的，较短调度时间步长的需求计划就是根据较长调度时间步长的供水量提出的。年度各月的供水量（配水量）是根据年度来水和工程情况确定的，月调度的需求计划就是根据年度各月的供水量确定的，而旬（周）调度的需求计划是根据面临月各旬（周）的供水量确定，日调度的需求计划是根据面临旬（周）各日的供水量确定的。可见，各种调度步长的来水量、供水量和需求量之间是自适应的，存在自适应结构，如图 5-4 所示。

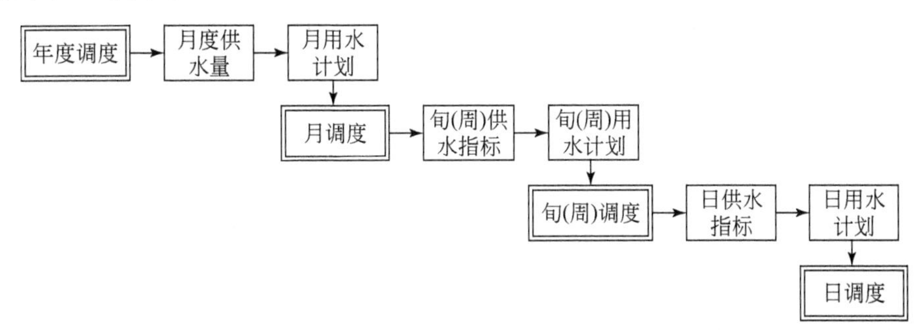

图 5-4　供需自适应的动态平衡调控结构

在调度过程中，由于来水预报和调控设施的控制存在一定误差、用水存在一定的非计划性、流量演进和水文测验等也存在一定的误差等诸多因素，使调度方案在执行中不会完全达到预定的目标，如河段配水量精确地达到需求计划或者断面流量被控制在设定的域值范围。因此，在实时调度中，必须根据实时的配水和水情信息，实时调整调配方案，使被控对象控制在设定的目标域值范围内，即存在动态反馈结构，如图 5-5 所示。

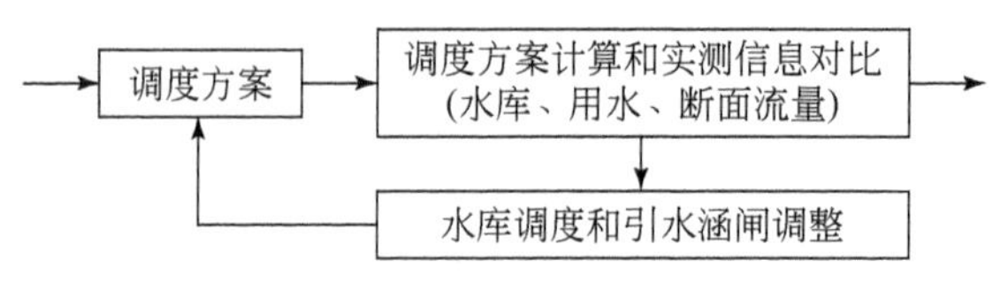

图 5-5　动态反馈结构

5.3.5　严格保护策略

河湖是水资源的主要载体，是生态环境的控制性要素。河湖水域不断减少、水质日益恶化、生态环境持续退化，不仅直接影响防洪排涝安全，而且威胁到水资源的安全调配和城乡安全供水。加强河湖管理和生态保护，已经成为全社会重要而又紧迫的任务。

流域是按照水资源自然分布的基本单元，区域则具有完整的行政管理体系。新《中华人民共和国水法》规定，我国对水资源实行流域管理与行政区域管理相结合的体制。流域管理与行政区域管理是我国水管理体制的重要组成部分，二者是相辅相成的，行政区域管理必须服从流域统一管理，接受宏观指导，流域管理又必须以行政区域管理为基础和依托，流域管理机构开展工作需要流域内各级地方政府和有关部门的配合，提供良好的政策环境和行政支持。流域管理与行政区域管理相结合的管理制度符合水的自然规律，正确处理好流域与区域的关系，理清流域与区域各自的职责，划分流域与区域的事权，研究建立流域管理新体制，对提高水资源统筹调度和科学管理具有重要意义。

以科学发展观为统领，紧紧围绕民生水利、最严格的水资源管理制度实施和“黄河水资源保护的工作重点要转向提高监督管理水平和增强应急处理能力”的要求，以全面而又正确地履行法律赋予的流域水资源保护职责为核心，以建立流域区域相结合、水利环保相联合的、流域水资源保护体制机制为方向，充分发挥最严格的水资源管理制度的权威性和约束力，在黄河流域水资源与水生态保护领域，大力开展创新性和开拓性工作，积极促进“节能减排”，有效遏制黄河水污染，改善干流水质，逐步实现重要水功能区水质目标，为维持黄河健康生命做出更大贡献。

加快研究确立黄河流域重要水功能区限制纳污红线，细化和分解黄河流域各省区水功能区达标率阶段性目标，明确水功能区管理权限划分，进一步完善流域管理与区域管理相结合的水资源保护管理制度；紧紧围绕实施最严格水资源管理制度的要求，进一步完善黄河流域水质与水生态监测体系，强化入河排污口管理，强化省界水质监测，提高入河污染物总量控制水平；提升突发水污染事件应急处置能力并加强干流城市供水水源地的保护，保障黄河供水水质安全，深入研究和探索黄河水量水质统一管理与协调，有效开展生态调度与稀释调度，促进黄河水生态保护与修复。

（1）筛选重要水功能区

纳污红线管理的基本单元是水功能区。其实施管理的具体方式是分阶段渐进式地提高水功能区达标率。因此，划定一条符合黄河流域实际、对应国家目标要求同时具有较强可操作性的纳污红线，第一步就是对重要水功能区进行筛选，分出轻重缓急和分阶段渐进方案。

（2）核定重要水功能区纳污能力

纳污红线管理的目的和功效是限制入河排污总量。因此划定纳污红线的第二步，就是对被选定的重要水功能区的纳污能力进行核定，以限定入河排污总量并进行目标分解。

（3）确定重要水功能区水质目标阶段达标率

把黄河流域阶段性水功能区水质目标合理地分解到各年份，同时合理地分解到黄河流域各省区。

（4）保障措施

逐步扩大水资源质量监测站网规划实施的覆盖面，以适应纳污红线管理的需要。加快干流水质监测自动站、移动实验室和常规监测等能力建设步伐，进一步完善监测体系。实现黄河流域内水利部门水质监测信息共享，水利、环保信息互通。加强水功能区管理，严格取水许可和入河排污口设置审查，强化入河排污口管理。对不能按期完成限制排污总量或者其分解指标的区域，不批准新增取用水量，禁止新设入河排污口。对不能达标排放的停止取水许可，依法做出入河排污行政处罚。

5.3.6 完善管理制度和标准

（1）建立与最严格水资源管理相适应的制度体系

1）建立用水监测计量和信息统计制度。依据《取水许可和水资源费征收管理条例》等有关规定，严格要求取水单位或个人依照国家技术标准安装流量设施，保障计量设备正常运行，每月向其监督管理单位上报取（退）水量报表；各级取水许可监督管理机关应定期对取水单位或个人的计量设施情况进行检查，凡是未按照规定安装计量设施或未及时报送水量报表的，责令限期整改，逾期不整改或整改不到位的，依法予以行政处罚。

2）建立取水许可总量控制台账制度。以取水许可证为基础，建立了基于地理信息系统并细化到黄河流域干流、重要支流和地市的黄河流域取水许可总量控制台账管理系统。建立黄河流域取水许可总量控制台账动态控制制度，强化执法检查，凡是没有余留水量指标的省区，新增取水必须通过水权转换方式获得取水指标；对未能按时按要求制定取水许可总量控制指标细化到地市方案或未按时报送地方审批发证情况的省区，暂停审批其新建、改建、扩建建设项目的取水申请。

3）建立规划论证制度。以各类开发区规划、城市总体规划、高用水行业专项规划、区域经济发展战略规划为重点，启动水资源论证试点工作，逐步建立健全规划论证制度。严格审批工业园区用水总量和排污总量，对工业园区水资源论证和入河排污口实施更严格的审批制度；对严重超出用水指标或排污总量的区域，实施核减取水量或限批取水的方式督促地方人民政府加大节水减污的力度。

4）建立地下水管理制度。针对黄河流域地下水开发程度已达很高水平、局部地下水超采严重的现状问题。为加强国家对地下水开发利用的管理，启动黄河流域地下水管理模式政策研究，明确省区地下水开发利用的总量和区域水位控制红线，逐步建立健全黄河流域地下水总量控制的水库旱限水位管理制度。

5）建立严格的支流水量调度管理制度。随着支流用水的不断增加，主要支流入黄水量减少甚至断流。建立严格支流调度管理制度，主要包括逐级落实支流调度管理的责任，建立支流枯水期水量分配和应急调度管理机制，强化支流用水计量管理，严格用水计划管理，强化监督、处罚和公告。

6）建立超计划或挤占生态用水的补偿制度。为利用经济手段进一步遏制省区超计划用水现象，增加超计划用水成本，建立公开、公正的用水秩序，保证河流基本的生态用水，建立超计划用水或挤占生态用水的补偿制度，明确补偿主体、补偿对象、补偿标准、补偿经费等内容。

7）落实和完善黄河流域抗旱信息采集及共享制度。黄河流域抗旱信息采集共享制度，主要根据国家《水旱灾害统计报表制度》和国家抗旱统计报表及统计制度，结合黄河流域抗旱的特点，明确黄河流域抗旱统计的信息种类、统计分区、报送频次、规范报表格式，建立黄河流域旱情信息系统。

8）落实完善水功能区纳污能力红线统计、监测与考核制度。依据国家层面的“水功能区纳污红线统计办法”“水功能区纳污红线监测办法”“水功能区纳污红线考核办法”通报黄河流域水功能区情况，并参与水利部组织的对各省区人民政府的纳污红线落实情况考核。

9）建立水功能区水质状况和达标情况定期上报、通报制度。建立重要水功能区水质状况和达标情况月报制度、重要水功能区水质状况和达标情况通报制度。编制《黄河流域重要水功能区纳污红线目标管理年报》，定期向新闻媒体和社会公布相关信息。

（2）建立与最严格水资源管理制度相符合的指标和标准体系

构建黄河流域水资源开发利用的开发利用红线体系。督促黄河流域各省区依据国务院批准的《黄河可供水量分配方案》和黄委编制的《黄河取水许可总量控制指标细化方案》，强力推进省区取水许可总量细化到县、市。综合考虑省区取水许可总量控制细化到市的方案、水量调度断面流量控制指标及国家产业政策等，建立黄河流域各省级、县级、市级行政区的水资源开发利用控制红线。

对水资源供需矛盾突出、可能引发纠纷的重要跨省区支流开展水量分配编制，建立健全支流水量分配和调度体系。

建立用水效率红线体系。按照国家有关规定、产业政策规定和建立资源节约型、环境友好型社会的要求，严格审查以用水效率论证为主要内容的水资源论证报告，把好水资源利用和用水效率关。严格限制高耗水、重污染建设项目，逐步引导黄河流域内产业用水转向高效节水、治污减污，推进节水型流域建设。

（3）建立符合贯彻最严格水资源管理制度的执行体系

落实黄河流域水量调度的责任制，推动黄河流域有关省区逐级明确支流水量调度的责任和部门；强化黄河流域水量调度的用水总量和断流流量双控制，确保省区不超指标用水、干支流控制断面流量达到控制要求；全面落实公告制度，强化公共监督；充分利用各种媒体和途径，及时向社会发布准确和权威的水资源信息，推进黄河水资源管理的“公开、公正、公平”；强化执法队伍建设。

（4）建立与最严格水资源管理制度相适应的技术支撑体系

提高黄河流域水资源监测能力，主要依托黄河流域水量调度二期建设，提高黄河流域水资源的监测能力。提高黄河流域水资源管理调度的决策支持能力，开展黄河流域干支流水库群联合优化调度模型的开发及应用研究、龙羊峡水库多年调节研究、干流及主要支流枯水演进规律及模型研究、污染物输移扩散模型研究，提高水资源的优化调度和应急反应能力。

5.3.7 全面评估考核

为全面检查黄河流域最严格水资源管理制度实施情况、效果，评估实施中存在的问题，可以采用最严格水资源管理制度目标完成情况、制度建设和措施落实情况两部分进行全民评估考核。目标完成情况考核 4 项指标：用水总量、万元工业增加值用水量、农田灌溉水有效利用系数和重要江河湖泊水功能区水质达标率；制度建设和措施落实情况考核包括用水总量控制、用水效率控制、水功能区限制纳污、水资源管理责任和考核等制度建设及相应措施落实情况。

（1）目标完成情况评估考核

1）用水总量指各类用水户取用的包括输水损失在内的毛水量，包括农业用水、工业用水、生活用水、生态环境补水四类。当年用水总量折算成平水年用水总量进行考核。年度用水总量小于等于年度考核目标值时，指标得分 =[(考核目标值 – 实际值）/ 考核目标值] × 30+30 × 80%，得分最高不超过 30 分。年度用水总量大于目标值时，目标完成情况得分为 0 分。

2）万元工业增加值用水量指工业用水量与工业增加值（以万元计）的比值。万元工业增加值用水量（m^3/ 万元）= 工业用水量（m^3)/ 工业增加值（万元)。其中，工业增加值按 2000 年不变价计。万元工业增加值用水量降幅指当年度万元工业增加值用水量比上年度下降的百分比。万元工业增加值用水量降幅达到或超过年度考核目标值时，指标得分 =[(实际值 – 考核目标值)/ 考核目标值] × 20+20 × 80%。得分最高不超过 20 分。万元工业增加值用水量降幅低于目标值时，目标完成情况得分为 0 分。

3）农田灌溉水有效利用系数指灌入田间可被作物吸收利用的水量与灌溉系统取用的灌溉总水量的比值。计算公式为农田灌溉水有效利用系数 = 灌入田间可被作物吸收利用的水量（m^3）/ 灌溉系统取用的灌溉总水量（m^3）。农田灌溉水有效利用系数大于等于年度考核目标值时，指标得分 =[(实际值 – 考核目标值）/ 考核目标值] × 20+20 × 80%，得分最高不超过 20 分。农田灌溉水有效利用系数小于目标值时，目标完成情况得分为 0 分。

4）重要江河湖泊水功能区水质达标率指水质评价达标的水功能区数量与全部参与考核的水功能区数量的比值（单位为 %）。计算公式为重要江河湖泊水功能区水质达标

率 =(达标的水功能区数量 / 参与考核的水功能区数量) × 100%。重要江河湖泊水功能区水质达标率大于等于年度考核目标值时，指标得分 =[(实际值 – 考核目标值)/ 考核目标值] × 30+30 × 80%。得分最高不超过 30 分。重要江河湖泊水功能区水质达标率小于目标值时，目标完成情况得分为 0 分。

（2）制度建设和措施落实情况考核评估

制度建设和措施落实情况评分以 100 分计，评分内容包括用水总量控制、用水效率控制、水功能区限制纳污、水资源管理责任和考核等制度建设及相应措施落实情况。具体评分标准见表 5-12。

表 5-12　制度建设和措施落实情况及评分

项目	序号	分项	分值	主要考核内容
用水总量控制（30 分）	1	严格规划管理和水资源论证	5	按照流域和区域统一制定水资源规划；在相关规划编制和项目建设布局中加强水资源论证工作，严格执行建设项目水资源论证制度
	2	严格控制区域取用水总量	5	加快制定主要江河流域水量分配方案，建立辖区内取用水总量控制指标体系，实施区域取用水总量控制和年度用水总量管理；鼓励建立和探索水权制度，运用市场机制合理配置水资源
	3	严格实施取水许可	5	对取用水总量达到或超过控制指标的地区，暂停审批建设项目新增取水；对取用水总量接近控制指标的地区，限制审批建设项目新增取水；严格规范建设项目取水许可审批管理
	4	严格水资源有偿使用	5	严格水资源费征收、使用和管理，完善水资源费征收、使用和管理的规章制度；水资源费主要用于水资源节约、保护和管理，加大水资源费调控作用，严格依法查处挤占挪用水资源费的行为
	5	严格地下水管理和保护	5	实行地下水取用水总量控制和水位控制；核定并公布地下水禁采和限采范围，严格查处地下水违规采用；规范机井建设审批管理，限期关闭在城市公共供水管网覆盖范围内的自备水井；编制并实施地下水利用与保护规划
	6	强化水资源统一调度	5	制定和完善水资源调度方案、应急调度预案和调度计划，对水资源实行统一调度；区域水资源调度服从流域水资源统一调度；地方人民政府和部门等服从经批准的水资源调度方案、应急调度预案和调度计划
用水效率控制（20 分）	7	全面加强节约用水管理	8	切实推进节水型社会建设，建立健全有利于节约用水的体制和机制；稳步推进水价改革；引水、调水、取水、供用水工程建设首先考虑节水要求；深入推进节水型企业建设；水资源短缺地区限制高耗水产业发展，遏制农业粗放用水
	8	强化用水定额管理	6	严格用水定额管理；强化用水监控管理，对纳入取水许可管理的单位和其他用水大户实行计划用水管理；实行节水“三同时”制度，对违反“三同时”制度的责令停止取用水并限期整改
	9	加快推进节水技术改造	6	严格执行节水强制性标准，禁止生产和销售不符合节水强制性标准的产品；加快推广先进适用的节水技术、工业、装备和产品，加大农业、工业、生活节水技术改造力度；大力推广使用生活节水器具，着力降低供水管网漏损率；鼓励非常规水源开发利用，并纳入水资源统一配置
水功能区限制纳污（20 分）	10	严格水功能区监督管理	8	完善水功能区监督管理制度，建立水功能区水质达标评价体系；从严核定水域纳污容量，严格控制入湖排污总量；把限制排污总量作为水污染防治和污染减排工作的重要依据，切实加强水污染防控，加强工业污染源控制，提高城市污水处理率，改善水环境质量；严格入河湖排污口监督管理，对排污量超出水功能区限排总量的地区，限制审批新增取水和入河湖排污口

续表

项目	序号	分项	分值	主要考核内容
水功能区限制纳污（20分）	11	加强饮用水水源保护	6	依法划定饮用水水源保护区，组织开展饮用水水源地达标建设；禁止在饮用水水源保护区内设置排污口；完善饮用水水源地核准和安全评估制度；加快实施全国城市饮用水水源地安全保障规划和农村饮水安全工程规划；制定饮用水水源地突发事件应急预案，实行单水源供水的城市，应在安全评估的基础上建立备用水源
	12	推进水生态系统保护与修复	6	维持河流合理流量和湖泊、水库及地下水的合理水位，维护河湖健康生态；加强水资源保护，推进生态脆弱河流和地区水生态修复；推进河湖健康评估，建立健全水生态补偿机制
水资源管理责任和考核等制度建设及相应措施落实情况（30分）	13	建立水资源管理责任和考核机制	6	逐级落实水资源管理责任，建立考核工作体系，考核结果作为县级以上地方人民政府相关领导干部综合考核评价依据
	14	健全水资源监控体系	6	加强水质水量监测能力建设；加快应急机动监测能力建设；提高水资源监控能力；完善水资源信息统计与发布体系
	15	完善水资源管理体制	6	完善流域管理与行政区域管理相结合的水资源管理体制；强化城乡水资源统一管理
	16	完善水资源管理投入机制	6	建立长效、稳定的水资源管理投入机制，加大财政资金对水资源节约、保护和管理的支持力度
	17	健全政策法规和社会监督机制	6	完善水资源配置、节约、保护和管理等方面的政策法规体系；开展水情宣传教育，强化社会舆论监督，完善公众参与机制；对在水资源节约、保护和管理中取得显著成绩的单位和个人给予表彰奖励

（3）综合考核评估及考核结果使用

各年度考核得分为目标完成情况、制度建设和措施落实情况两部分分值加权，保留整数。计算公式为年度考核得分 = 目标完成情况得分 × 权重系数 + 制度建设和措施落实情况得分 × 权重系数。根据年度或期末考核的评分结果划分为优秀、良好、合格、不合格四个等级。考核得分 90 分以上为优秀，80 分以上 90 分以下为良好，60 分以上 80 分以下为合格，60 分以下为不合格。

年度、期末考核结果作为对各省级行政区人民政府主要负责人和领导班综合考核评价的重要依据。对期末考核结果为优秀的有关部门在相关项目安排上优先予以考虑。对在水资源节约、保护和管理中取得显著成绩的单位和个人，按照国家有关规定给予表彰奖励。年度或期末考核结果不合格的提出限期整改措施，同时抄送水利部等考核工作组成员单位。整改期间，暂停该地区建设项目新增取水和入河排污口审批，暂停该地区新增主要水污染物排放建设项目环评审批。对整改不到位的，由相关部门依法依纪追究该地区有关责任人员的责任。对在考核工作中有瞒报、谎报、漏报等弄虚作假行为的地区，予以通报批评，对有关责任人员依法依纪追究责任。

5.3.8 完善黄河水量调度的民主参与和协调协商机制

完善民主参与和协商机制，强化了民主参与，充分发扬顾全大局、同舟共济、平等协商、相互理解的水调精神，建立了不同层面的协调协商平台，以充分保障各方利益，增强水量调度的执行力，实现多赢目标。

1)黄河上中游水量调度委员会成员单位包括黄委(任主任委员)、西北电网有限公司(任副主任委员)、上游各省区政府。开会时邀请梯级电站管理单位、宁夏与内蒙古引黄灌区管理单位参加。委员会的主要任务是协调上游梯级电站发电与灌溉供水之间的关系，拟定上游梯级电站年度调度计划。在1999年实施全河水量统一调度后，作为协调水调与电调关系的重要平台，黄河上中游水量调度委员会依然发挥着重要作用，成为全河水量调度协商机制不可缺少的组成部分，其拟定的上游梯级电站年度调度计划，提交全河水量调度工作会议。

2）年度全河水量调度工作会议。由黄委、涉及黄河水量调度的11个省（自治区、直辖市）水行政主管部门、水库管理单位、大型引黄灌区管理单位参加，依据经批准的黄河水量分配方案和年度预测来水、水库蓄水量，按照同比例“丰增枯减”、多年调节水库蓄丰补枯的原则，在综合平衡申报的年度用水计划建议的基础上，研究确定年度调度计划。

3）上下游分河段水量调度协调会。协调会在上下游用水高峰期之前召开，协商用水高峰期调度计划。在遇到特殊情况时，及时召开临时性的水量调度协调会，安排局部时段或河段的水量调度事宜。

5.4 实施最严格水资源管理的技术支撑

黄河流域实施最严格水资源管理研究的技术支撑体系可归并为四大领域，即二元水循环与用水原理、水循环及伴生过程系统模拟、水资源系统综合调配和节水减排技术与调节机制，形成黄河流域水资源调配、评估、考核关键技术体系，支撑黄河流域最严格水资源管理制度的深入推进。具体技术支撑可以体现在以下方面。

5.4.1 黄河流域水质水量一体化调配技术

黄河流域水质水量一体化调配是以调控国民经济用水－生态环境用水关系和控制沿河排污为基础，以综合、优化、合理的工程技术和非工程技术为保障的一项复杂的流域层面水资源管理系统工程，是落实黄河流域最严格水资源管理的重要技术支撑。其基本思想是从黄河流域整体出发，全方位、多层次和群体决策地对黄河流域中一系列可调控的因子实施优化调配，进一步落实黄河流域内各省区分水方案，严格控制各地区用水总量指标与污染物入河排放量。

（1）水质水量一体化调配目标

水质水量一体化调配是处置水资源时空分布与水资源利用需求，以及污染物排放之间矛盾的有效措施。在水资源开发利用中，由于受水资源时空分布差异，不能满足用水户对水资源数量、质量和过程的需求，即产生水资源矛盾；在水资源保护中，由于水环境容量的不足，没有排污空间，即产生排污冲突。为应对水资源、水环境矛盾，采取水质水量一体化调配的方式，如水库运用、取水许可、排污控制等措施。因此，水质水量一体化调配在水资源紧缺的黄河流域尤为重要，水质水量调度的实施直接关系到相关部门和用水户的切身利益，关系到河流、湖泊的健康生命。其目的是实现水质水量一体化配置方案或者保证取水许可、排污总量控制指标方案的实施。

（2）调配任务及基本流程

水质水量一体化调度的对象是水资源和污染物，包括自然影响和人为影响两个过程。自然影响主要是天然来水量及其变化的一系列人类所不能控制的自然因素，体现在流域水资源量及径流产污量的时空变化，受气候、下垫面、人类活动等多方面影响而使水资源和河流污染物本底在一定尺度与范围内的变动。而人为影响主要指国民经济取水、退水及排污等，在一定的工程措施和非工程措施下，这些用水、排污过程基本是可控的。因此，黄河流域水质水量调度主要任务是通过水质水量统一调度，实现水资源和污染物的合理控制优化调度。针对黄河流域水资源存在的问题和水质水量调度管理现状，黄河流域水质水量一体化调配目标兴利方面：合理配置有限水资源，以实现水资源配置方案，实现供水、发电、灌溉等综合利用目标。除害方面：防洪防凌，防断流，防生态灾难。环境保护目标：防水体污染事件，实现水功能区水质达标控制等。具体调控手段包括：①针对不同洪水类型和工程情况不同河段的防洪控制；②上中下游防凌控制指标及各调控水库的运用方式；③不同河段应保持的最小生态流量，主要断面满足《黄河水量调度条例》中的最小预警流量要求，如河口镇断面为50m³/s；④下游河段的用水需求。

具体操作层面，黄河流域水质水量一体化调配通过协调自然影响和人为影响，达到以水资源可持续利用支撑经济社会可持续发展的目标。对自然影响的控制，主要是对水资源时空分布不均的控制，是通过径流预报、污染物入河预测及水库调蓄实现的。①径流预报主要包括调度年非汛期来水预报和月、旬（周）预报，每年汛末，通过汛期来水和中长期气象水文预测，预报未来11月至次年6月逐月主要来水区来水情况。②污染物入河量的预测是根据用水、排水水平，结合清洁生产预测主要污染物的排放量及入河量，在径流预报和污染物入河量预测的基础上结合水质水量配置方案编制年度水质水量调度预案。③水库调蓄，主要发挥黄河干流龙羊峡、刘家峡、万家寨、小浪底等大型水库调蓄作用，根据水库补水需求安排水库的预蓄泄，控制相关河段过流和用水过程，并控制主要断面满足水量要求和预警流量要求。对人为影响的控制，主要是采用年月分配水量、排污量分配方案进行总量控制，根据周步长的径流预报、污染物入河预测，按照断面下泄水量要求和水功能区水质管理目标，在工程调度方面合理调度水库的蓄泄，在人为影响控制方面，控制时段的取水量、排污量，采用实时调度和调度管理相结合的方法，如图5-6所示。

（3）保障措施

为保障黄河流域水质水量一体化调配的顺利实施应采取以下措施：①落实水质水量指标实施严格管理。按照黄河水质水量一体化调配方案制定细化预案，合理分配年度取水指标和污染物入河量作为省区、地市取水量和排污量的总量控制红线。②完善水质水量一体化调度管理制度。结合黄河流域水资源调度管理的现状情况，制定黄河流域水质水量一体化分配调度制度和运行管理制度，包括逐时段水质水量一体化调度、协商机制、取水量和

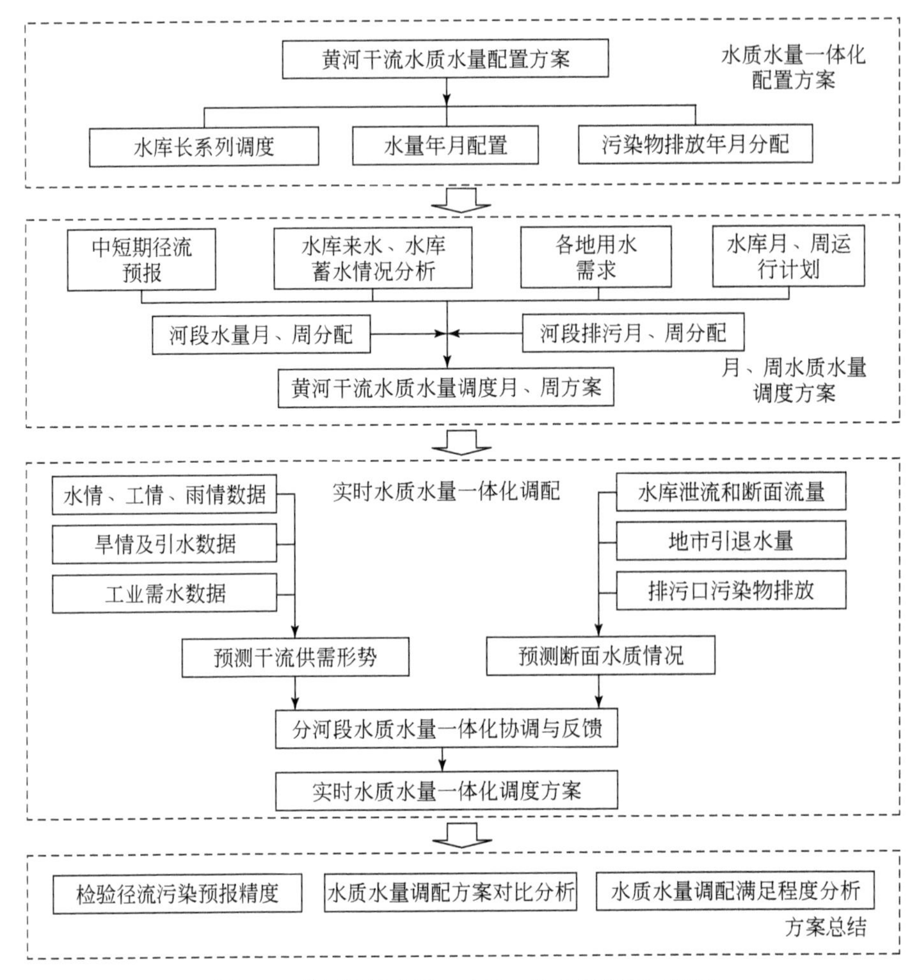

图 5-6　黄河流域水质、水量一体化调配基本流程

排污量监测和计量方案、取水和排污许可、控制断面最小流量控制制度等。③加强黄河水质水量监控管理。对黄河干流和重要支流上重要控制断面实施水质监测，采用在线监测与试验室内监测相结合的方式实施控制断面水质监测。监测频次：一般情况下每月监测一次，枯水期或突发性水污染期需加大监测频率至每旬（周）一次，紧急情况下每天监测一次。监测项目：试验室内需监测《地表水环境质量标准》（GB 3838—2002）的基本项目、水源地补充监测项目和有毒有机污染物项目。④完善黄河流域水质水量一体化调度、建立主要断面水质水量预警机制。启动跨地级行政区支流的水量调度工作，实现黄河干流与重要支流水量的统一调度。建立黄河径流中长期预报，为黄河流域水资源的中长期调度决策提供依据。在黄河流域水资源紧张的时段，设置主要断面的预警流量，控制取水量保证河道内生态水量。⑤建立健全水量调度管理制度，落实水调责任。建立健全水量调度行政首长负责制度，建立水量调度责任追究制度，建立违反水量调度指令各项处罚和补偿制度。

5.4.2 黄河流域重点城市精细化配置技术

（1）黄河流域重点城市精细化配置内涵及意义

黄河流域重点城市快速发展带来城市供水水源多样化、用水结构多元化及给水厂供水特性的复杂化等问题，针对城市复杂水资源系统多水源、多水厂、多用户、多目标的特点，以实现社会、经济、工程效益最大化为目标，在考虑了水厂这一连接水源和用户的关键环节的作用下，结合水厂的供水能力和供水范围，构建城市水源—水厂—用户全过程水资源精细化配置技术。通过精细化配置在一定程度上实现了黄河流域重点城市水资源的“真实”配水，进一步落实城市端用水总量控制红线。

（2）重点城市水资源精细化配置流程

黄河流域重点城市水资源精细化配置，主要涉及“人工 – 自然”二元水循环中的人工侧支部分，如图 5-7 所示。人工从水源取水、配水、用水、排水和回用过程，包含水源系统、供水系统、用水系统及排水系统。其中，水源系统，即地表水、地下水、再生水、疏干水、雨水等水源系统，是保障社会水循环能正常工作的前提和基础；供水系统是关键环节，水厂作为连接水源和用户的枢纽，其供水能力和供水安全直接影响用户用水安全和保障；用水系统，即城市生活及公共用水、工业用水及生态用水，用水系统处于水资源配置的核心地位，满足各个用户的需水要求，是供水系统供水的目的所在；排水系统，是对废污水的处理，一部分通过排水管网进行收集输送，另一部分排入河道、湖泊等水域，是用水的后处理和循环利用过程，是防止水环境污染，提高水资源利用效率的重要环节。对缺水性城市来说，随着城市社会经济需水的增长，取水、输水和用水过程效率不断提高，无效和低效的漏损和损耗不断减小，同时水资源的重复利用和再生回用程度也不断提升。城市水资源系统的各个环节联系紧密，每一个环节发生问题都可能会引起失调。例如，在城市水循环体系中，给水系统持续不断地向城市供应数量充足、质量合格的水，以满足城市居民的生活、生产等用水，但是许多城市供水管网建设滞后于水厂建设，管网输送水质大大下降，而影响城市供水安全；水体虽然具有一定的稀释、自净能力，但仍需要建立污水处理系统处理，一方面使废污水达到排放标准，避免造成城市水体受到污染，另一方面能够充分循环利用水资源，在城市水资源精细化配置的过程中，必须充分考虑各个环节，尤其是给水系统的功能和贡献。

（3）精细化配置是城市水量、水质调配的具体落实

黄河流域重点城市水资源精细化配置，从宏观上讲，就是如何利用好城市有限的水资源，实现水资源从水源—水厂—用户的精细化配置。从微观上讲，包含三层含义：一是水源优化配置，即使不同水源尤其对多水源地区的合理优化配置，综合协调多水源的统一配置；二是用水优化配置，即不同用水户之间的合理优化配置，协调各用水户的公平用水；三是水厂的优化配置，即充分利用水厂的供水规模，合理规划供水范围，实现水厂与水源和用水户之间的精准对接，实现水资源在时空上合理优化配置。与流域（区域）层面的水资源优化调配相比，城市精细化配置以居民生活用水和工业用水为主，对水量和水质有较

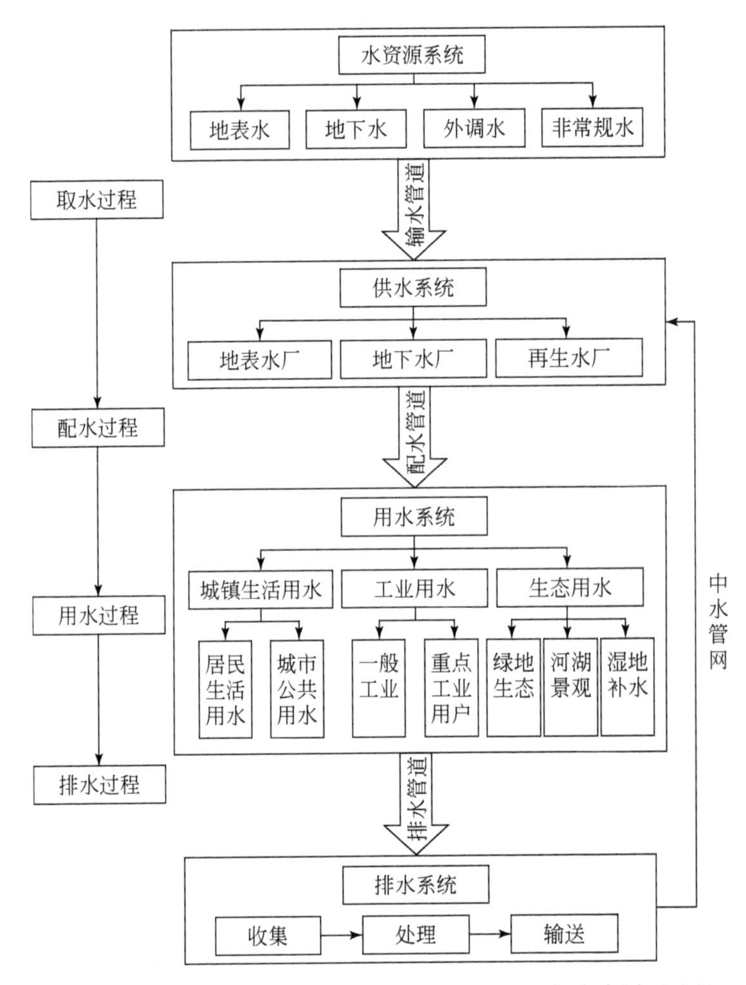

图 5-7　黄河流域重点城市复杂水资源系统人工侧支水循环过程

高的要求，对供水保障也有较高的要求；同时由于城市是多种用水户共存的区域，不同用水户对水质的要求也有所不同，从而产生分质供水。此外，城市自身的水源较少，地表水和地下水开发潜力有限，越来越多的城市主要依赖外来水源和非常规水源；在供用水强度高度集中的区域内产生大量污水，提高再生水利用率减少城市周边生态环境承载压力，也是城市精细化配置的特色。

5.4.3　黄河流域水功能区划分及限制纳污控制

（1）水功能区划分

水功能区是指为满足水资源合理开发和有效保护的需求，根据水资源的自然条件、功能要求、开发利用现状，按照流域综合规划、水资源保护规划和经济社会发展要求，在相应水域按其主导功能划定并执行相应质量标准的特定区域。水功能区划分是实行水功能区管理的前提，是水资源保护规划的重要基础。水功能区划分采用两级体系，即一级区和二级区。一级区分四类，即保护区、保留区、开发利用区和缓冲区，是宏观上解决水资源开发利用与保护的问题，主要协调地区间用水关系，长远考虑可持续发展的需求；二级区在一级区的开发利用区内进行划分，共分为七类，即饮用水水源区、工业用水区、农业用水区、渔业用水区、景观娱乐用水区、过渡区、排污控制区，主要协调用水部门之间的关系，见图 5-8。

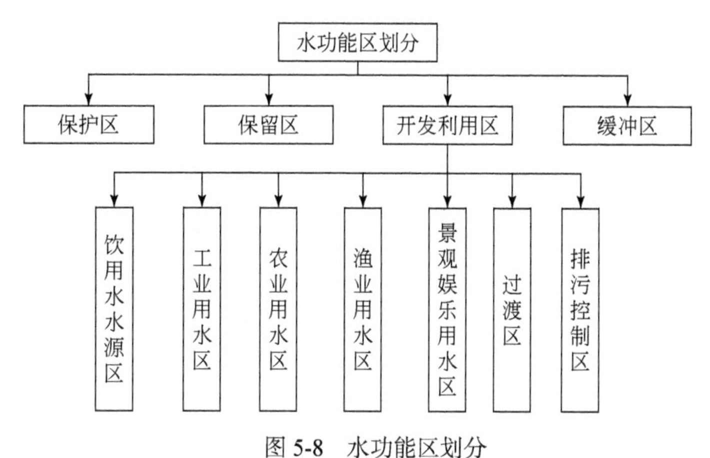

图 5-8 水功能区划分

黄河流域河流一级区中，保护区为 109 个，占一级功能区的 30.5%，河长为 7420.7km，占区划河流总长的 25.0%；保留区为 44 个，占 12.3%，河长为 5140.4km，占 17.3%；开发利用区为 155 个，占 43.4%，河长为 15 619.5km，占 52.5%；缓冲区为 49 个，占 13.7%，河长为 1559.6km，占 5.2%。详见表 5-13。在水功能一级区划分成果的基础上，结合黄河流域各省级行政区实际，根据取水用途、工业布局、排污状况、风景名胜及主要城市河段等情况，对 155 个开发利用区进行了二级区划，共划分了 410 个二级水功能区。按二级区第一主导功能分类，共划分饮用水水源区 56 个，工业用水区 41 个，农业用水区 155 个，渔业用水区 8 个，景观娱乐用水区 16 个，过渡区 60 个，排污控制区 74 个。详见表 5-14。

表 5-13 黄河流域河流水功能一级区划分结果

水系		功能区类型								合计	
		保护区		保留区		开发利用区		缓冲区			
		个数	河长 (km)	个数	河长 (km)	个数	河长 (km)	个数	河长 (km)	个数	河长 (km)
黄河干流水系	干流	2	343	2	1 458.2	10	3 398.3	4	264.1	18	5 463.6
	支流	43	4 005.4	19	1 768.5	67	4 838.7	23	481	152	11 093.6
洮河水系		5	437	1	367.3	2	254.5			8	1 058.8
湟水水系		4	384.4	2	153	10	874.9	3	132.3	19	1 544.6
窟野河水系		1	39			2	171.8	2	31	5	241.8

续表

水系	功能区类型								合计	
	保护区		保留区		开发利用区		缓冲区			
	个数	河长 (km)	个数	河长 (km)	个数	河长 (km)	个数	河长 (km)	个数	河长 (km)
无定河水系	4	230.2	2	255.8	6	427.3	4	189.4	16	1 102.7
汾河水系	7	336.7	2	84.1	5	821.2	1	38.3	15	1 280.3
渭河水系	19	607.8	5	190.5	26	1 973.8	3	124.4	53	2 896.5
泾河水系	7	307	5	481.6	10	849	5	163.4	27	1 801.0
北洛河水系	3	312.4	2	263.6	3	479.6			8	1 055.6
洛河水系	4	125.6			4	699.6	1	67	9	892.2
沁河水系	4	179	1	83.7	4	336.8	2	54.7	11	654.2
大汶河水系	6	113.2	3	34.1	6	494	1	14	16	655.3
合计	109	7 420.7	44	5 140.4	155	15 619.5	49	1 559.6	357	29 740.2

表 5-14　黄河流域河流水功能二级区划分结果

水系	饮用水水源区	工业用水区	农业用水区	渔业用水区	景观娱乐用水区	过渡区	排污控制区	合计	
								个数	比例（%）
黄河干流水系	16	3	20	6	2	12	12	71	17.32
黄河支流水系	9	4	59	1	4	17	24	118	28.78
洮河水系			2					2	0.49
湟水水系	4	5	10		2	2	1	24	5.85
窟野河水系	2	1	1			1		5	1.22
无定河水系	2	5	3			2	4	16	3.90
汾河水系	4		10		1	5	7	27	6.59
渭河水系	8	11	23		3	5	10	60	14.63
泾河水系	3	5	6			3	3	20	4.88
北洛河水系	1		4		1			6	1.46
伊洛河水系	2	1	11	1	3	9	9	36	8.78
沁河水系	3		4			4	4	15	3.66
大汶河水系	2	6						8	1.95
黄汶区			2					2	0.49
小计	56	41	155	8	16	60	74	410	100.00
比例（%）	13.66	10.00	37.80	1.95	3.90	14.63	18.05	100.00	

(2)纳污能力核定

根据《全国水资源保护规划技术大纲》和《全国水资源综合规划技术细则》的规定，水功能区纳污能力按以下原则确定：①对现状水质优于规划控制目标要求的保护区、保留区，以及水质状况较好、用水矛盾不突出的缓冲区，以现状水质作为保护目标，即将所在水功能区现状污染物的入河量作为该水功能区的纳污能力。②对开发利用区和水质现状劣于水质目标要求，需要采取措施改善水质的保护区、保留区和缓冲区，则根据水功能区水质目标要求，以设计水文条件为基础，利用相应的水质数学模型计算提出所在水功能区的纳污能力。

黄河干流除饮用水源区外和规划支流各功能区的纳污能力计算一般采用一维模型，该模型反映了计算单元在确定的水质目标和设计流量条件下，所具有的纳污能力，比较适用于我国北方天然径流量较小的河流，详见式（5-1）。鉴于纳污能力计算的复杂性，在实际计算时对排污口、支流口位置采用权重概化法，即以排污口、支流口排放污染物的等标负荷为权重进行计算，找出河段的排污重心，并计算出排污重心到上、下断面或水功能保护敏感点的距离。倘若纳污能力计算水域内排污口比较难于概化，可将河段内多个排污口概化到位于河段中点处，该集中点源的实际自净长度为河段长的一半。黄河干流饮用水水源区的纳污能力计算采用二维模型，该模型认为，排入河道中的污染物，在水深方向上可以迅速混合均匀，而在水体的纵向和横向上形成一定体积的混合区，因此，用于纳污能力计算的水体并不是计算河段的全部水体，而是在混合区内参与混合的那一部分水体。该模型同一维模型相比，不仅考虑了污染物在水体中的纵向变化，而且考虑了污染物在水体中的横向扩散混合过程，这样参与污染物混合、降解的水体相对于一维模型来说有所减少，其计算的结果进行水质控制较为安全，详见式（5-2）。黄河流域现状水平年 COD、氨氮纳污能力分别为 125.2 万 t、5.82 万 t，规划水平年（考虑未来新增调水工程）COD、氨氮纳污能力分别为 155.2 万 t、7.27 万 t，COD 纳污能力黄河流域规划水平年比现状增加了 23.4%，氨氮比现状增加了 24.9%。纳污能力发生变化较大的水域主要集中在黄河干流和湟水等支流，详见表 5-15。

$$W=C_S(Q+\sum q_i \exp(K\frac{x_1}{86.4u})-C_0 Q\exp(-K\frac{x_2}{86.4u}) \tag{5-1}$$

式中，W 为计算单元的纳污能力，g/s；Q 为河段上断面设计流量，m^3/s；C_S 为计算单元水质目标值，mg/L；C_0 为计算单元上断面污染物浓度，mg/L；q_i 为旁侧入流量，m^3/s；K 为污染物综合降解系数，1/d；x_1 为旁侧入流概化口至下游控制断面的距离，km；x_2 为旁侧入流概化口至上游对照断面的距离，km；u 为平均流速，m/s。

$$W=[C_S\exp(K\frac{x_1}{86.4u})-C_0\exp(-K\frac{x_2}{86.4u})]\times hu\sqrt{\pi E_y\frac{x}{u}} \tag{5-2}$$

式中，u 为设计流量下污染带内的纵向平均流速，m/s；h 为设计流量下污染带起始断面平均水深，m；E_y 为横向扩散系数，m^2/s；x 为计算点（或功能敏感点）至排污口的纵向距离，km；其他符号意义同式（5-1）。

表 5-15　黄河流域纳污能力核定结果　　（单位：t）

二级区及省区		水平年	COD			氨氮		
			总量	可利用量	不可利用量	总量	可利用量	不可利用量
二级区	龙羊峡以上	现状年	1 770	1 770	0	100	100	0
		规划年	1 770	1 770	0	100	100	0
	龙羊峡至兰州	现状年	237 635	179 087	58 548	11 317	9 655	1 662
		规划年	242 579	184 031	58 548	11 533	9 871	1 662
	兰州至河口镇	现状年	447 017	263 735	183 282	19 119	8 678	10 441
		规划年	597 967	284 035	313 932	26 647	9 632	17 015
	河口镇至龙门	现状年	104 524	20 950	83 573	5 439	1 372	4 067
		规划年	157 405	25 846	131 559	7 974	1 623	6 351
	龙门至三门峡	现状年	208 629	176 840	31 789	10 665	9 033	1 632
		规划年	234 421	192 248	42 173	11 965	9 802	2 163
	三门峡至花园口	现状年	132 360	50 232	82 128	6 025	2 390	3 635
		规划年	155 156	65 157	89 999	7 053	3 068	3 985
	花园口以下	现状年	120 416	46 347	74 069	5 500	2 138	3 362
		规划年	162 717	58 541	104 176	7 430	2 697	4 733
	内流区	现状年	226	226	0	11	11	0
		规划年	226	226	0	11	11	0
省区	青海	现状年	49 784	31 418	18 366	1 756	1 197	559
		规划年	54 728	36 362	18 366	1 972	1 413	559
	甘肃	现状年	296 786	242 268	54 518	13 830	11 925	1 905
		规划年	296 786	242 268	54 518	13 830	11 925	1 905
	宁夏	现状年	211 613	136 478	75 135	9 101	3 858	5 243
		规划年	227 529	150 837	76 692	9 912	4 591	5 321
	内蒙古	现状年	152 268	48 018	104 250	6 788	1 941	4 847
		规划年	300 049	54 005	246 044	14 061	2 163	11 898
	陕西	现状年	180 124	105 459	74 665	9 982	6 147	3 835
		规划年	214 808	105 459	109 349	11 733	6 147	5 586
	山西	现状年	109 634	71 341	38 293	5 372	3 595	1 777
		规划年	138 745	88 228	50 517	6 797	4 454	2 343
	河南	现状年	180 907	61 260	119 647	8 062	2 736	5 326
		规划年	210 536	79 555	130 981	9 406	3 572	5 834
	山东	现状年	71 460	42 946	28 515	3 287	1 980	1 307
		规划年	109 059	55 140	53 919	5 002	2 539	2 463
黄河流域		现状年	1 252 576	739 187	513 389	58 177	33 378	24 799
		规划年	1 552 241	811 855	740 386	72 714	36 805	35 909

（3）限排方案确定

黄河流域水污染严重，不少河段现状污染物入河量已明显超过水域纳污能力。随着黄河流域经济增长和人口增加，进入黄河干流和支流的污染物量呈增加趋势，遏制黄河流域水污染，改善河流水环境质量，仅靠以往的污染物浓度控制措施，已不能满足黄河流域水资源保护和监督管理工作的需要。为实现黄河干流和支流水功能区水质目标，应进一步实施入河污染物总量控制制度。总量控制是根据受纳水体的纳污能力，将污染源的排放数量控制在水体所能承受的范围之内，以限制排污单位的污染物排放总量，是水功能区水质管理的依据和基础。污染物入河总量控制方案是按照国家及流域地方有关环境和水资源保护法规政策，根据预测所得到的规划水平年污染物入河量和规划配置水量下的功能区纳污能力，充分考虑区域水污染现状、社会经济发展等因素，结合各水平年水功能区水质目标，制定出 2020 年、2030 年规划水平年进入水功能区的污染物入河控制量和相对应的排放控制量，并把污染物入河、排放控制量分配到各省区。黄河流域规划水平年 COD 和氨氮入河控制量、削减量见表 5-16。

表 5-16　黄河流域污染物总量控制方案

二级区及省区		水平年	COD				氨氮			
			入河控制量 (t)	排放控制量 (t)	入河削减量 (t)	排放削减量 (t)	入河控制量 (t)	排放控制量 (t)	入河削减量 (t)	排放削减量 (t)
二级区	龙羊峡以上	2020 年	219	338	39	60	21	31	4	6
		2030 年	205	316	41	63	21	32	5	7
	龙羊峡至兰州	2020 年	39 771	56 703	12 693	18 899	5 391	7 350	3 212	4 531
		2030 年	34 016	48 338	15 264	22 649	4 639	6 305	3 601	5 070
	兰州至河口镇	2020 年	85 323	119 683	12 338	17 338	8 675	11 786	7 035	9 557
		2030 年	79 004	109 727	13 373	18 573	7 855	10 557	7 203	9 681
	河口镇至龙门	2020 年	18 588	30 774	13 321	22 062	1 686	2 698	2 300	3 655
		2030 年	14 595	23 728	19 631	32 355	1 009	1 592	3 370	5 377
	龙门至三门峡	2020 年	110 541	180 597	72 418	120 260	8 705	13 786	16 991	27 058
		2030 年	98 615	159 476	79 711	130 503	6 520	10 332	19 445	30 915
	三门峡至花园口	2020 年	22 945	38 569	30 758	51 675	1 876	3 054	6 740	10 891
		2030 年	19 200	32 103	33 204	55 759	1 016	1 651	7 695	12 481
	花园口以下	2020 年	17 340	28 627	18 532	30 530	1 606	2 557	3 829	6 085
		2030 年	12 918	21 126	21 216	34 601	760	1 197	4 667	7 347
	内流区	2020 年	226	318	448	630	11	15	109	149
		2030 年	226	314	372	516	11	15	101	135

续表

二级区及省区		水平年	COD				氨氮			
			入河控制量(t)	排放控制量(t)	入河削减量(t)	排放削减量(t)	入河控制量(t)	排放控制量(t)	入河削减量(t)	排放削减量(t)
省区	青海	2020年	9 710	14 985	8 271	12 763	744	1 107	1 498	2 228
		2030年	7 287	11 246	9 427	14 548	503	748	1 609	2 394
	甘肃	2020年	66 083	91 781	11 741	16 307	7 045	9 469	4 703	6 322
		2030年	59 566	82 730	15 488	21 511	5 945	7 990	5 380	7 231
	宁夏	2020年	30 741	43 236	5 027	7 070	4 314	5 872	1 804	2 456
		2030年	28 701	39 862	6 291	8 737	3 709	4 985	2 440	3 279
	内蒙古	2020年	37 394	52 594	9 041	12 716	3 173	4 318	4 676	6 364
		2030年	33 625	46 701	8 874	12 325	2 977	4 001	4 451	5 982
	陕西	2020年	72 092	118 572	46 760	76 907	5 495	8 710	9 699	15 376
		2030年	65 076	105 643	50 606	82 152	4 466	6 987	10 990	17 196
	山西	2020年	33 606	59 166	34 106	60 045	3 376	5 677	7 884	13 259
		2030年	26 052	45 230	42 640	74 028	1 884	3 221	9 686	16 557
	河南	2020年	32 907	54 845	29 324	48 873	2 708	4 351	6 828	10 969
		2030年	29 136	48 560	31 937	53 229	1 764	2 833	7 945	12 762
	山东	2020年	12 421	20 429	16 278	26 774	1 118	1 773	3 127	4 958
		2030年	9 335	15 154	17 550	28 490	585	915	3 586	5 612
黄河流域		2020年	294 953	455 607	160 547	261 455	27 973	41 278	40 221	61 932
		2030年	258 779	395 127	182 812	295 019	21 831	31 680	46 087	71 014

5.4.4 其他技术支撑

（1）黄河流域断面取水量核算

黄河流域断面取水量精确核算是实施总量控制的基础，在黄河流域监测体系尚不完善的情况下，取水量的精确核算显得尤为重要。将监测数据、统计数据与模拟数据等紧密耦合，建模开展“自然－社会”二元水循环过程的模拟，分析黄河流域水循环规律，揭示河段供—用—耗—排—补之间的定量转化关系；依据河流断面水量平衡原理，提出河段取水量的核算方法，评估河段取水的合理性。

（2）黄河流域面源污染物定量溯源与调控

开展黄河流域典型地区的点源和面源污染物排放、入河量调查统计，分析黄河流域点源和面源污染物入河变化规律；建立基于分布式水循环的面源负荷模拟模型，模拟不同下垫面条件的面源污染物产生机制；分类分析土壤侵蚀及农业面源污染物迁移、转化、入河的变化过程，提出河段面源污染物入河定量分析技术，为实施河段污染物入河控制提供基础。

（3）重点产业用水效率评估及控制策略

分析黄河流域农业灌溉、能源化工等重点产业年度用水量及产出的关系，研究重点产业用水过程中各个分项水量的消耗，建立适用于黄河流域的用水效率综合评价指标体系，评估重点产业用水效率；研究黄河流域用水量与经济社会发展、用水效率与经济结构的关系，定量评估黄河流域各分区用水效率与经济发展的协调程度；从需水管理、取水控制、用水监督等方面，研究包括水量调度、水价制定、水权交易、生态补偿及水资源费制定的高效用水控制手段与机制。

（4）水功能区水质控制

充分考虑水循环、水环境和水生态三大系统之间物质（含水分）与能量的交换关系，耦合黄河流域二元水循环模型、水质模型及生态模型，构建黄河流域水循环及其伴生过程综合模拟系统，开展黄河流域水循环伴生水化学过程的模拟，分析不同水量调配方案黄河流域主要断面、水功能区水质效果，综合提出断面污染物入河量的控制策略。

（5）虚拟水贸易

黄河流域水资源极度短缺，进行黄河流域虚拟水贸易研究，对缓解水危机及水资源可持续利用均有着重要意义。黄河流域虚拟水贸易策略，突破了实体水研究的局限，弥补了传统研究方法在成本、技术问题上的缺陷，并揭示黄河流域内部流出及外部流入的虚拟水在整体虚拟水中所占份额，对水资源贫乏的黄河流域如何更好地减少对水资源的消耗、节约用水、调入虚拟水等有着重要的指导作用。通过引入更全面、细致的经济核算方法，并与时间序列变化相联系，综合分析虚拟水与黄河流域经济协调发展的问题；在虚拟水的贸易过程中，充分考虑虚拟水要素的比较优势；开展从虚拟水贸易流通与利用的研究，到黄河流域虚拟水与整个经济社会发展的关系研究。综上，通过虚拟水战略等措施，可以实现合理利用水资源、兼顾各方利益需要、实现“国家－地区－流域”合作共赢的新局面。

5.5 经验与启示

2011 年，中央一号文件指出，要“实行最严格的水资源管理制度”，水利部黄河水利委员会根据国家要求，在黄河流域范围内建立最严格水资源管理制度，划定黄河流域水资源管理的“三条红线”、建立“四项制度”，促进水资源可持续利用和经济发展方式转变，推动经济社会发展与水资源水环境承载能力相协调。黄河流域实时最严格水资源管理的经验与启示包括：

1）在气候变化和人类活动双重影响下，黄河流域水循环和水资源情势发生了变化，需要面向水循环过程客观评价水资源变化，根据水资源承载能力演变科学调配包括地表水、地下水与非常规水资源的全口径水资源，需要对黄河流域的取水总量、用水效率、污染物排放等进行全要素的分配，做到有序管理、严格控制总量、全程监管过程。

2)黄河流域实施最严格水资源管理制度的关键基础在于源头控制,从项目的落地审批、取水许可开始，做到需水的计划管理；黄河流域最严格水资源管理需要体现在供－用－耗－排全过程管理，真正实现“把每一滴水从头管到脚”；精细调度是实现最严格水资源管理的有效调控手段，精细化到工程、河段、时段的详细调度，可控制每一方水的利用；按照水功能区水质纳污能力实施排污许可，是保证河流水质的关键；完善的制度和全面严格的考核是黄河流域最严格水资源管理制度的重要保障。

3）全面研究水循环过程、水资源优化调配、用水机理和节水减污技术与调节机制，形成黄河流域水资源调配、评估、考核关键技术体系，支撑黄河流域最严格水资源管理制度的深入推进。

第6章 研究结论

墨累－达令河流域与黄河流域处于相同气候带，在气候变化和人类活动的双重影响的变化环境下，面临诸多相似的问题，本书通过对比研究流域规划、水量分配、水市场管理领域的一些成果经验和问题，提出相互借鉴的建议；并研究了澳大利亚水资源一体化管理的管理决策方法，总结流域管理成功的经验，为黄河流域实施一体化管理提供良好借鉴。

6.1 变化环境下流域水资源面临的挑战

变化环境下黄河流域与墨累－达令河流域面临着水资源量减少、供需矛盾突出、生态环境恶化等相似的问题与挑战。

在降水量、气温和蒸发等水文要素变化，以及人类水利工程建设、水资源开发利用、生态环境建设等活动不断加剧对流域下垫面改变双重影响下，黄河流域水资源情势发生了显著变化，如水资源量减少、时空分布更加不均、洪涝灾害频度和强度加强，加之黄河流域经济发展对水资源需求不断增长，黄河流域水资源开发利用面临着一系列重大问题和挑战：①水资源总量不足，难以支撑经济社会的可持续发展；②水沙关系日益恶化，严重威胁河流健康；③生态用水被大量挤占，生态环境日趋恶化；④用水效率偏低，与严峻的缺水形势不相适应；⑤纳污量超出水环境承载能力，水污染形势严峻；⑥水资源管理不能满足现代黄河流域管理的需要。

受气候变化影响，墨累－达令河流域正经历一个连续枯水期，从1996年起连续17年的干旱期，给社会经济发展和人民生活带来巨大压力，入海口基本断流，其流域水资源开发利用面临重大挑战：①随着人口激增和工农业发展，水资源开发利用矛盾更加突出。②水利工程建设、流域开发深化及水资源利用量增加，对河流影响加大，河流生态水量收到挤占，水环境不断恶化。③盐碱化程度日益加剧。流域内多数地区干旱少雨的状况，使土壤和地下水盐分集聚，人为的大面积砍伐树木，破坏了自然生态系统具有的调节和缓冲功能，又加剧了土壤盐碱化。④连续干旱进一步加深流域水危机，应对干旱的流域水资源管理面临的主要任务。

6.2 水资源规划的比较与借鉴

黄河流域与墨累－达令河流域制定了全面系统的规划，针对各自流域水资源开发利用与保护中面临的问题，全面提出了合理开发、有效保护、高效利用、严格管理的方案、措施、手段和制度，为保障各自流域可持续发展、构建和谐的人水关系划定了线路图。

针对黄河流域水沙关系不协调的特性和黄河流域供需矛盾突出的特点，黄河流域水资源规划以促进和保障黄河流域人口、资源、环境和经济的协调发展，维持黄河流域健康生命为总目标，在对黄河流域水资源量系统评价和一致性处理的基础上，重点分析了黄河流域的水资源承载能力和水环境承载能力、节水潜力和节水措施，提出了黄河流域未来的用水模式和需水量预测，进行了水资源的合理配置，提出了重大水资源配置工程的布局，奠定了黄河流域一定时期水资源合理开发、有效保护的总体格局。

墨累－达令河流域综合规划以水资源保护、河流生态保护与可持续利用为重点，提出了包括可持续的分水限制、环境用水规划、水质与盐度管理规划、水权交易规划及监测与评估等方面的系统开发利用和保护方案。规划突出注重监测与评估，坚持科学性与灵活性并重，强调广泛的参与性，具有较强的可操作性。

通过两大流域规划对比，可为进一步完善流域层面的规划提供思路借鉴：①科学认识变化环境对流域水资源情势的影响；②合理界定河流生态环境水量；③建立与流域水资源承载力相适应的开发利用格局；④制定一体化的配置与管理框架；⑤加强与其他自然资源管理规划的互动协调；⑥借助先进的科学分析工具。

6.3 水量分配与水市场的比较与借鉴

墨累－达令河流域水量分配和综合管理实施较早，发展相对完善，成为世界流域管理的典范：①在法律制度、机构调整设置方面，能够适应水环境生态系统变化及社会经济发展等形势需要；②在管理理念方面，从单一的水资源保护到自然生态系统整体保护，再到全流域系统管理，体现了现代流域管理的需要；③在资源配置方面，建立完善水市场，充分利用市场手段，调动了节水、增效、减排的内生动力，实现水资源优化配置；④在公众参与方面，通过设立专门机构和设计各种活动，使该流域管理真正成为一场全民行动。墨累达令流域在水量分配和交易管理方面的经验可为黄河流域水资源管理提供借鉴。

1987 年国务院颁布《黄河可供水量分配方案》，明确了该流域省区的水量分配方案，2008 年黄河各省区提出细化到地市的水量分配方案，并对其干流、支流进行统一配置；1998 年由国务院授权实施统一调度，近年来实施一系列的调度措施，取得了黄河下游连续不断流的成绩，在水量统一调度领域的经验也可为墨累－达令河流域水资源统一管理带来有益启示。

通过两大流域水量分配和交易制度的研究，在水量分配、调度、水市场领域可实现相互借鉴进一步完善流域水资源管理：①完善初始水权的法律和制度体系；②制定操作性强的调度管理细则；③建立制度完善、运行灵活的水市场；④构建水权转换补偿机制；⑤加强流域取用水的计量和监管；⑥开展广泛的公众参与模式。

6.4 一体化管理经验总结

墨累－达令河流域管理从宏观决策、控制手段、机制保障层面严格实施流域一体化管理，是世界流域管理的一个典范，其模式可概括为以下内容。

1）强调流域一体化的管理理念。墨累－达令河流域综合管理一直贯彻相关机构、研究和政策发展的整体观，强调流域一体化理念。

2）加强一体化的宏观决策。从取水总量的控制、盐度治理、自然资源管理及环境管理等方面，制定全面、切合实际的管理战略，形成科学的一体化管理宏观决策模式。

3）稳定而健康的组织制度框架，全面权威的协商管理机制。流域管理的权威应建立在协商的基础上，方案制定阶段的充分参与是落实协议的关键，有效的组织结构系统是落实协议的保证；在流域管理过程中，重视决策的科学化、民主化、透明性与公平性。

4）贯彻科学的评估。对流域的管理策略、政策、措施、策略执行实施的效果的目标实现程度进行全面、科学的考核，为下一步宏观决策、策略完善提供依据。

对黄河流域而言，应根据自身特点建立符合其流域需求的管理制度，借鉴墨累－达令河流域的三级管理模式，建立适用于黄河流域的实行公众参与的三级管理制度，并明确各个机构的职责，互相协调，促进黄河流域综合管理的发展。

6.5 研究的技术突破

墨累－达令河流域在初始水权分配、水交易市场管理及流域一体化等方面成就为全球典范，为黄河流域水量分配、调度、交易及其流域综合管理提供了良好借鉴。

深入研究并吸收墨累－达令河流域水权交易制度的成熟理念，分析对黄河流域水权分配、水市场交易的借鉴作用，基于黄河流域水量分配、水权交易、流域管理的特点，研究适用于黄河流域以水权为基础的水量分配与水权交易制度，构建黄河流域水量分配与水权交易制度体系。

分析墨累－达令河流域水资源一体化管理的理念，剖析总结在流域宏观决策方式、制度设计和实施手段等层面的经验，初步提出黄河流域实施水质和水量统一管理，水土资源统一管理，流域与区域相结合的一体化管理框架，为黄河流域实施最严格的水资源管理提供方法论的指导。

参考文献

布鲁斯·米切尔 . 2004. 资源与环境管理 . 蔡运龙 , 译 . 北京：商务印书馆 .

蔡燕 , 王会肖 , 王红瑞 , 等 . 2009. 黄河流域水足迹研究 . 北京师范大学学报 (自然科学版), 45(Z1): 616-620.

陈丽晖 , 何大明 , 丁丽勋 . 2000. 整体流域开发和管理模式——以墨累 - 达令河为例 . 云南地理环境研究, 12（2）：66-73.

陈小江 . 2012. 可持续的黄河水资源管理 . 人民黄河 , 34(10): 1-2.

陈永奇 . 2014. 黄河水权制度建设与黄河水权转让实践 . 水利经济 , 32(01): 23-26.

程漱兰 . 1998. 世界银行发展报告 20 年回顾 . 北京：中国经济出版社 .

褚俊英 , 桑学锋 , 严子奇 , 等 . 2016. 水资源开发利用总量控制的理论、模式与路径探索 . 节水灌溉 , (06): 85-89.

Don Blackmore. 2003. 墨累 - 达令河流域管理的关键：汇流区域一体化管理. 中国水利，(11):55-56.

董哲仁 . 2006. 维护河流健康与流域一体化管理 . 中国水利 , (11):22-25.

冯尚友 . 2000. 水资源持续利用与管理导论 . 北京 : 科学出版社 .

高琪 , 杨鹤 . 2008. 墨累 - 达令流域管理模式研究 . 法制与社会，(1):272-273.

高前兆 , 张迅P, 莫秉德 . 2008. 缺水地区经济发展中的水资源管理研究——以石羊河流域为例 . 干旱区研究 , 25(5):607-614.

胡德胜 . 2013. 中美澳流域取用水总量控制制度比较研究 . 重庆大学学报 (社会科学版), 19(05): 111-117.

黄建水 , 胡玉娇 , 乔钰 . 2013. 黄河水权与水市场建设研究 . 人民黄河 , 35(07): 40-43.

贾仰文 , 王浩 . 2006. “黄河流域水资源演变规律与二元演化模型”研究成果简介 . 水利水电技术 , (02): 45-52.

焦爱华 , 杨高升 . 2002. 澳大利亚可持续发展水政策及启示 . 水利水电科技进展，22(2):63-65.

Jin S, Peng S, Zhang H. 2008. Comparison of Water Cap between Murray-Darling River and Yellow River// 中国水利学会 . 中国水利学会 2008 学术年会论文集（下册）. 北京：中国水利水电出版社 .

D. 康奈尔 , 邬全丰 , 山松 . 2012. 墨累 - 达令流域的水改革和联邦体制 . 水利水电快报 , 33(09): 1-4.

孔珂 , 解建仓 , 张春玲 , 等 . 2005. 黄河应急调水经济补偿制度初探 . 资源科学 , (03): 111-116.

蓝永超 , 沈永平 , 李周英， 等 . 2006. 气候变化对黄河河源区水资源系统的影响 . 干旱区资源与环境 , 20(6):57-62.

李代鑫 , 叶寿仁 . 2001. 澳大利亚的水资源管理及水权交易 . 中国水利 , (6):41-44.

李国英 . 2003. 治理黄河思辨与践行 . 北京 : 中国水利水电出版社 .

李群 , 彭少明 , 黄强 . 2008. 水资源的外部性与黄河流域水资源管理 . 干旱区资源与环境 , (01): 92-96.

连煜, 张建军 . 2014. 黄河流域纳污和生态流量红线控制 . 环境影响评价, (04): 25-27.
刘昌明 . 2004. 黄河流域水循环演变若干问题研究 . 水科学进展, 15(5): 608-614.
刘吉峰, 刘萍, 范昊 . 2009. 黄河流域气候变化对水资源影响研究 .// 中国气象学会年会气候变化分会 .
刘静 . 2015. 近 50 年来河套灌区作物虚拟水流动演变过程与可持续性研究 . 杨凌：西北农林科技大学博士学位论文 .
刘毅, 贺骥 . 2005. 澳大利亚墨累—达令流域协商管理模式的启示 . 水利发展研究, (10): 54-58.
马建琴, 刘杰, 夏军, 等 . 2009. 黄河流域与澳大利亚墨累－达令河流域水管理对比分析 . 河南农业科学,(7):69-73.
墨累－达令河流域委员会 . 2000. 澳大利亚墨累－达令河流域水交易过程、市场和规则 // 王文珂 . 中澳灌溉水价研讨会论文集 . 北京：中国水利水电出版社 .
彭勃, 张建军, 杨玉霞, 等 . 2014. 黄河流域重要水功能区限制排污总量控制研究 . 人民黄河, 36(12): 69-70.
彭少明, 李群, 杨立彬 . 2008. 黄河流域水资源多目标利用的柔性决策模式 . 资源科学, (02): 254-260.
彭少明, 王浩, 王煜, 等 . 2013. 泛流域水资源系统优化研究 . 水利学报, (1): 6-11.
彭少明, 王煜, 郑小康 . 2016. 黄河水质水量一体化配置和调度研究 . 郑州 : 黄河水利出版社 .
彭少明 . 2008. 流域水资源调配决策理论与方法研究 . 西安：西安理工大学博士学位论文 .
全球水伙伴技术委员会 .2003. 水资源统一管理 . 梁瑞驹, 沈大军, 吴娟，译 . 北京：中国水利水电出版社 .
阮本清, 梁瑞驹, 王浩, 等 . 2001. 流域水资源管理 . 北京 : 科学出版社 .
尚宏琦 . 2004. 现代流域管理探索——首届黄河国际论坛技术总结 . 郑州：黄河水利出版社 .
尚钊仪, 车越, 张勇 . 2014. 实施最严格水资源管理考核制度的实践与思考 . 净水技术, 33(06): 1-7.
沈大军, 孙雪涛 .2010. 水量分配和调度——中国的实践与澳大利亚的经验 . 北京：中国水利水电出版社 .
施国庆, 王华, 胡庆和, 等 . 2007. 流域水资源一体化管理及其理论框架 . 水资源保护, 723（4）：44-47.
史璇, 赵志轩, 李立新, 等 . 2012. 澳大利亚墨累－达令河流域水管理体制对我国的启示 . 干旱区研究, 29(03): 419-424.
水利部黄河水利委员会 .2008a. 黄河水资源管理与调度 . 郑州：黄河水利出版社 .
水利部黄河水利委员会 .2008b. 黄河水权转换制度构建及实践 . 郑州：黄河水利出版社 .
司毅铭 . 2012. 黄河流域实施水功能区限制纳污红线管理的整体构想与初步实践 . 中国水利, (09): 21-23.
苏青 . 2002. 河流水权和黄河取水权市场研究 . 南京：河海大学博士学位论文 .
田贵良, 许长新 . 2007. 虚拟水贸易理论及其在黄河流域实践的设想 . 甘肃社会科学, (05): 224-227.
汪群, 周旭, 胡兴球 . 2007. 我国跨界水资源管理协商机制框架 . 水利水电科技进展，27(5):80-84.
王浩, 王建华, 胡鹏 . 2012. 实行最严格水资源管理制度的科技支撑探析 // 中国水利学会 . 中国水利学会 2012 学术年会特邀报告汇编 .
王浩, 杨贵羽 . 2010. 二元水循环条件下水资源管理理念的初步探索 . 自然杂志, 32(03): 130-133.
王浩, 等 .2009. 变化环境下流域水资源评价方法 . 北京：中国水利水电出版社 .
王建华, 肖伟华, 王浩 . 2013. 变化环境下河流水量水质联合模拟与评价 . 科学通报, 58(12): 1101-1108.
王丽婷 . 2015. 城市复杂水资源系统精细化配置 . 北京：中国水利水电科学研究院硕士学位论文 .
王西琴, 刘斌, 张远 . 2010. 环境流量界定与管理 . 北京：中国水利水电出版社 .
王新功, 杜文华, 徐帅, 等 . 2011. 墨累达令河流域规划解读 . 人民黄河, 33(05): 29-30.
王煜, 彭少明, 等 . 2017. 黄河流域旱情监测与水资源调配 . 北京 : 科学出版社 .

王煜 . 2006. 流域水资源实时调控理论方法和系统实现 . 西安：西安理工大学博士学位论文 .

武见 , 杨振立 , 赵麦换 , 等 . 2010. 黄河干流骨干水库综合利用调度模型的应用 . 人民黄河 , 32(8): 107-108.

夏军 , 刘晓洁 , 李浩 , 等 . 2009. 海河流域与墨累－达令流域管理比较研究 . 资源科学 , 931（9）：1454-1460.

薛松贵 , 张会言 , 张新海 , 等 .2013. 黄河流域水资源利用与保护关键技术研究 . 郑州：黄河水利出版社 .

闫晓春 . 2004. 澳大利亚的流域管理机构 . 东北水利水电，22(12):55-56.

杨桂山 , 丁秀波 , 李恒鹏 , 等 . 2003. 流域综合管理导论 . 北京 : 科学出版社 .

杨志峰 , 冯彦 , 王火亘 , 等 . 2003. 流域水资源可持续利用保障体系——理论与实践 . 北京 : 化学工业出版社 .

尤明青 . 2003. 墨累－达令流域水资源管理机制简评 . 资源、水环境与水法制建设问题研究——2003 年中国环境资源法学研讨会 (年会) 论文集 .

于秀波 . 2003. 澳大利亚墨累－达令流域管理的经验 . 江西科学 , (03): 151-155.

袁宝招 , 陆桂华 , 郦建强 . 2006. 黄河区用水指标分析与评价 . 水利水电技术 , (05): 1-5.

曾维华 , 程声通 , 杨志峰 . 2001. 流域水资源集成管理 . 中国环境科学 , 21(2):173-176.

张建军 , 张世坤 , 徐晓琳 , 等 . 2006. 黄河流域纳污能力计算技术难点浅析 . 人民黄河 , (12): 30-32.

张建龙 , 解建仓 . 2013. 实行最严格的水资源管理制度的支撑与应用模式研究 . 水利发展研究 , 13(01): 17-20.

张艳芳 . 2009. 澳大利亚水资源分配与管理原则及其对我国的启示 . 科技进步与对策 , 26(23):56-59.

赵建民 , 陈彩虹 , 李靖 . 2010. 水土保持对黄河流域水资源承载力的影响 . 水利学报 , 41(09): 1079-1086.

赵山峰 , 张学峰 , 李昊 . 2009. 黄河突发水污染事件应急预案体系分析 . 人民黄河 , 31(02): 13-14.

赵勇 . 2006. 广义水资源合理配置研究 . 北京：中国水利水电科学研究院博士学位论文 .

朱晓原 .2005. 世界水资源问题研究趋向 . [2005-11-12]. http://mall.cnki.net/magazine/Article/SLZG199907007.htm water. chinawater. net. cn/ CWR_Journal/199907/990708.html.

左其亭 . 2015. 关于最严格水资源管理制度的再思考 . 河海大学学报 (哲学社会科学版), 17(04): 60-63.

Adil Al Radif. 1999. Integrated water resources management: an approach to face the challenges of the next century and to avert future crises. Desalination, 124:145-153.

Global Water Partnership Technical Advisory Committee. 2000. Intergrated water resources management.

GWP-TAC (GlobalWaterPartnership-TechnicalAdvisoryCommittee). 2000. Integrated Water Resources Management. Stockholm:GWP-TAC.

Koudstaal R, Rijsberman F, Savenije H. 1992. Water and sustainable development. Natural Resources Forum, 16(4):277-290.

Lovering J. Integrated River Basin Management and Development: The Murray-Darling Basin Experience// Developing the Mekong Subregion. Australia: Monash Asia Institute Monash University Clayton.

Matondo J I. 2002. A comparison between conventional and integrated water resources planning and management. Physics and Chemistry of the Earth: B, 27(11/12):831-838.

Murray-Darling Basin Commission. 2007.The Murray-Darling Basin Initiative. http://www.mdba.gov.au.

Pahl-Wostl C, Moltgen J, Sendzimir J, et al. 2005. New methods for adaptive water management under uncertainty. France: Proceedings of European Water ReSources Association.